剪映

短视频剪辑从入门到精通

调色+特效+字幕+配音

龙飞◎编著

化学工业出版社

·北京·

内容简介

108个抖音热门案例制作，教你成为剪辑出爆款短视频的高手；108个手机教学高清视频，扫描二维码，查看后期制作的全部过程。

11大专题内容，从短视频的剪辑技巧、“网红”调色、特效效果、字幕效果、配音技巧及6大综合案例等角度，帮助大家快速上手剪映App，剪辑爆款短视频。

108个纯高手干货技巧，从认识剪映界面到剪映功能的使用方法，从短视频基础剪辑到剪映创意剪辑，一本书教你玩转剪映短视频，解决剪映后期剪辑的核心问题，实现小白到达人的转变，及时收获短视频的流量红利。

本书适合喜欢拍摄与剪辑短视频的人，特别是想运用手机快速进行剪辑、制作爆款短视频效果的人，同时也可以作为视频剪辑相关专业的教材。

图书在版编目（CIP）数据

剪映短视频剪辑从入门到精通：调色+特效+字幕+配音/龙飞编著. —北京：化学工业出版社，2021.8（2024.5重印）

ISBN 978-7-122-39259-6

Ⅰ.①剪… Ⅱ.①龙… Ⅲ.①视频编辑软件 Ⅳ.①TP317.53

中国版本图书馆CIP数据核字(2021)第104493号

责任编辑：李　辰　孙　炜　　　封面设计：王晓宇

责任校对：王　静　　　装帧设计：盟诺文化

出版发行：化学工业出版社（北京市东城区青年湖南街13号　邮政编码100011）

印　　装：天津裕同印刷有限公司

710mm×1000mm　1/16　印张$15^{1}/_{2}$　字数350千字　2024年5月北京第1版第16次印刷

购书咨询：010-64518888　　　售后服务：010-64518899

网　　址：http://www.cip.com.cn

凡购买本书，如有缺损质量问题，本社销售中心负责调换。

定　　价：78.00元

前 言

根据抖音平台于2021年1月5日发布的《2020抖音数据报告》显示，截至2020年12月，抖音日活跃用户数突破6亿，日均视频搜索次数突破4亿。从这些数据可以看出，如今已经是一个“人人玩抖音”的短视频时代，用户的阅读习惯也从图文逐渐过渡到了短视频，80%的娱乐、记录生活或产品出售都将以短视频的方式呈现给消费者。

目前，市场上的手机短视频书籍非常多，本书主要以抖音官方出品的剪映App为主要操作软件，同时收集了大量爆款短视频作品，结合这些实战案例策划和编写了这本书，希望能够真正帮助大家提升自己的视频剪辑技能。

本书从剪映App的5个剪辑要点和6个综合案例展开，具体内容包括剪辑技巧、“网红”调色、特效效果、字幕效果、配音技巧，《秀美河山》《文艺短片》《卡点九宫格》《动感爱心》《漫画变身》《片头切换》综合案例流程解析等11大专题。

（1）剪辑技巧：剪映的操作界面非常简洁，但功能强大，几乎能帮助用户完成短视频的所有剪辑需求。本章主要介绍剪映的操作界面和一些功能的使用方法。

（2）“网红”调色：短视频的色调也是影响短视频观感的一个重要因素。本章主要介绍了9种“网红”色调，给大家提供更多短视频主题适合的色调，实现完美的色调视觉效果，使短视频更加高级。

（3）特效效果：本章主要介绍了9种特效的制作方法，这些特效既漂亮又有创意，是从大量爆款短视频中精挑细选出来的，以作为讲解案例使用。

（4）字幕效果：字幕对于短视频而言非常重要，它能够让观众更快地了解短视频内容，有助于观众记得所要表达的信息，有特色的字幕更能让人眼前一亮。

（5）配音技巧：剪映App提供了多种添加音乐或语音的方式，本章用15个案例详细介绍了每一种方式的操作方法，并且还讲解了添加音频后如何制作卡点短视频。

（6）《秀美河山》：本章是一个综合案例，与前面内容不同的是，案例更加复杂，所以也介绍得更加详细。该案例适合用作旅行短视频，节奏舒缓，可以很好地展示旅途中所拍摄的风光。

（7）《文艺短片》：该案例是一个非常唯美的短视频，画面被分成三屏，突出画面主体，添加不同的特效后，原本单一的画面变得更加丰富。

（8）《卡点九宫格》：该案例主要利用朋友圈的截图作为背景，给多段素材添加组合动画效果，再配上卡点音乐，给人一种小清新的感觉。

（9）《动感爱心》：该案例通过给视频添加爱心特效，既丰富了画面效果，又增添了一些甜蜜的少女感。

（10）《漫画变身》：该案例的创意之处在于，大部分漫画变身案例都是从真实人物变成漫画，而该案例则恰恰相反，先展示两种不同漫画，接着出现真人，并添加绚丽的光影特效，非常漂亮。

（11）《片头切换》：该案例适合用作综艺片头，通过分割白色线条完成视频画面之间的转场，既有创意，又有时尚感，非常高级。

特别提示：本书在编写时是基于当前剪映 App 而截取的实际操作图片，但本书从编辑到出版需要一段时间，在这段时间里，软件界面与功能会有所调整与变化，比如有些功能被删除了，或者增加了一些新功能等，这些都是软件开发商所做的软件更新。若图书出版后相关软件有更新，请以更新后的实际情况为准，根据书中的提示，举一反三进行操作即可。

本书由龙飞编著，提供视频素材和拍摄帮助的人员还有陈小芳、苏苏、杨婷婷、巧慧、徐必文、黄建波及王甜康等人，在此表示感谢。由于作者知识水平有限，书中难免有不妥和疏漏之处，恳请广大读者批评、指正，联系微信：2633228153。

编著者

目　录

轻而易剪，上演大屏幕

第1章

15 种剪辑技巧：随心所欲剪出片段

本章要点

如今，短视频的剪辑工具越来越多，功能也越来越强大。剪映 App 是抖音推出的一款视频剪辑软件，拥有全面的剪辑功能，支持剪辑、缩放视频轨道、替换素材及磨皮瘦脸等功能，还有丰富的曲库资源和视频素材资源。本章将带领读者从认识剪映开始，介绍剪映 App 的具体操作方法。

001 认识剪映，快速了解界面要点

扫码看教程

剪映 App 是一款功能非常全面的手机剪辑软件，能够让用户在手机上轻松完成短视频剪辑。在手机屏幕上点击剪映图标，打开剪映 App，如图 1-1 所示。进入“剪映”主界面，点击“开始创作”按钮，如图 1-2 所示。

图 1-1　点击剪映图标

图 1-2　点击“开始创作”按钮

进入“照片视频”界面，在其中选择相应的视频或者照片素材，如图 1-3 所示。

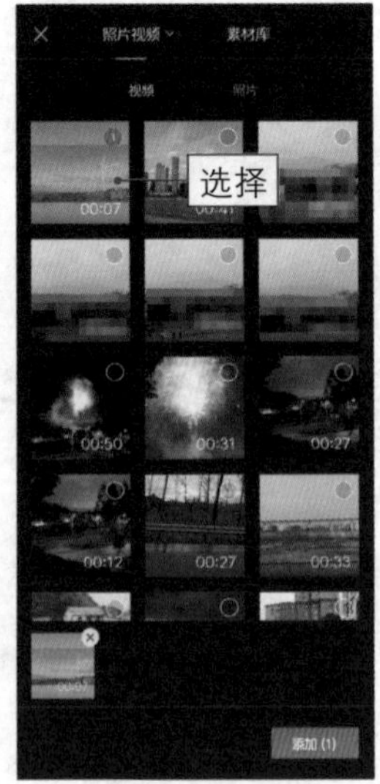

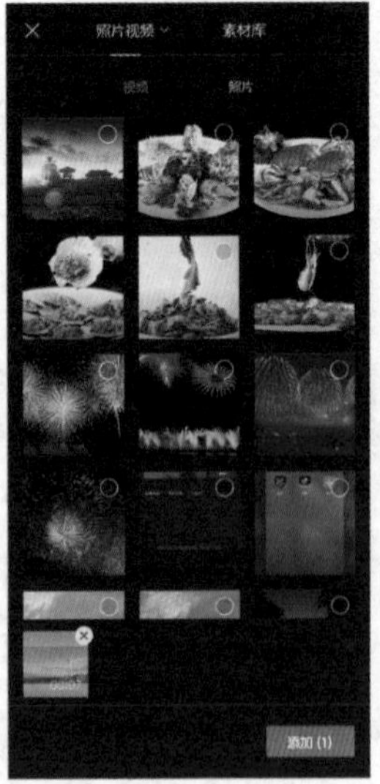

图 1-3　选择相应的视频或者照片素材

点击“添加”按钮，即可成功导入相应的照片或者视频素材，并进入编辑界面，其界面组成如图 1–4 所示。

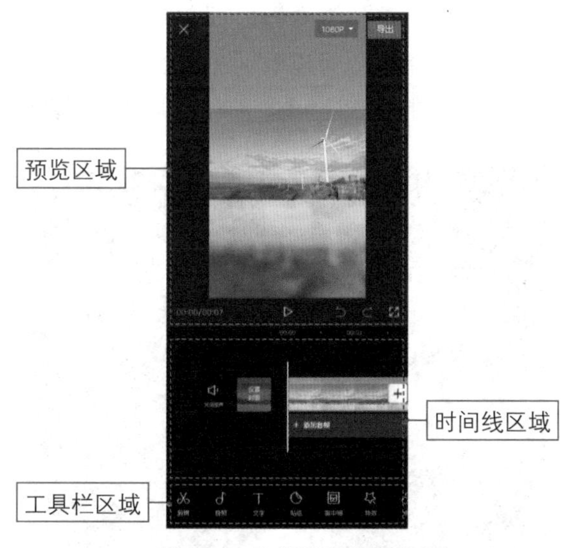

图 1–4　**编辑界面的组成**

在预览区域左下角的时间，表示当前时长和视频的总时长。点击预览区域中的全屏按钮，可全屏预览视频效果，如图 1–5 所示。点击按钮，即可播放视频，如图 1–6 所示。

图 1–5　**全屏预览视频效果**

图 1–6　**播放视频**

用户在进行视频编辑操作后，可以点击预览区域右下角的撤回按钮，即可撤销上一步的操作。

002 工具区域，层次分明方便快捷

扫码看教程

剪映 App 的所有剪辑工具都位于界面底部，非常方便快捷。在工具栏区域中，不进行任何操作时，可以看到一级工具栏，包括剪辑、音频及文字等功能，点击相应的按钮，可进入对应的二级工具栏，如图 1-7 所示。

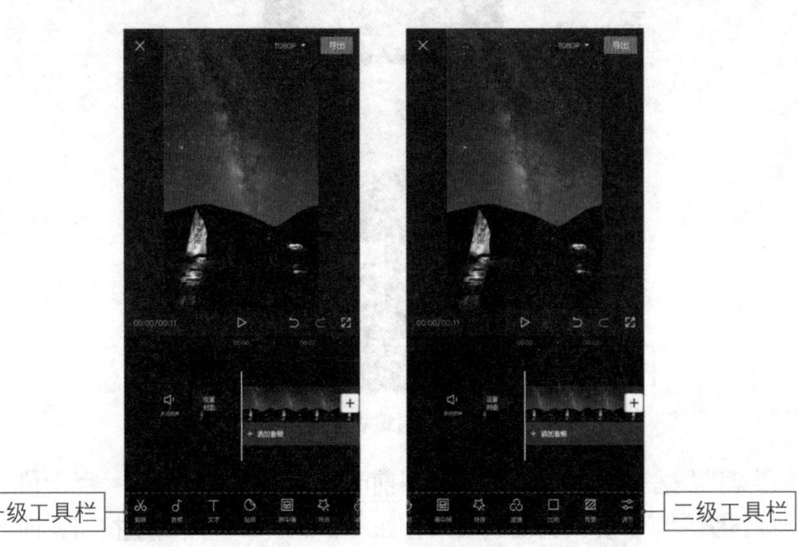

图 1-7　**一级工具栏和二级工具栏**

例如，点击“剪辑”按钮，可以进入“剪辑”二级工具栏，如图 1-8 所示。点击“音频”按钮，可以进入“音频”二级工具栏，如图 1-9 所示。

图 1-8　**“剪辑”二级工具栏**

图 1-9　**“音频”二级工具栏**

003 缩放轨道，精细剪辑每段轨道

扫码看教程

在时间线区域中，有一根白色的垂直线条，称为时间轴，上面为时间刻度，可以在时间线上任意滑动视频，查看导入的视频或者效果。在时间线上可以看到视频轨道和音频轨道，还可以增加字幕轨道，如图 1–10 所示。

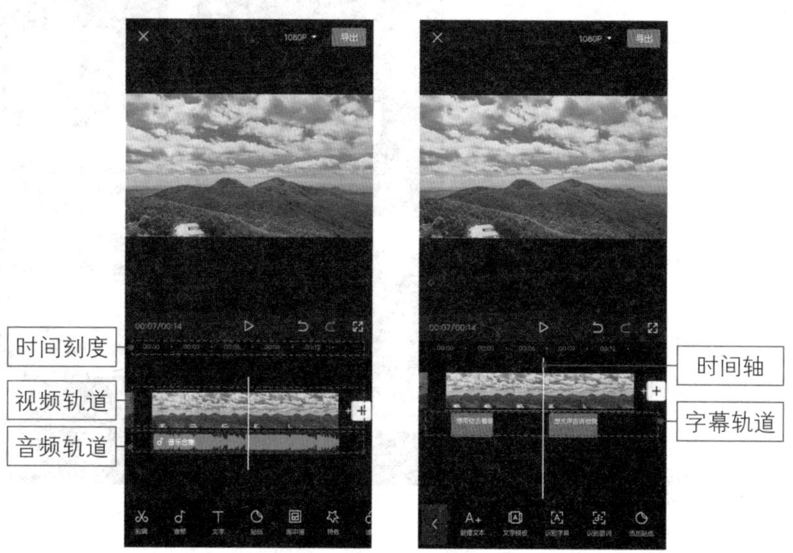

图 1–10　**时间线区域**

用双指在视频轨道捏合，可以缩放时间线的大小，如图 1–11 所示。

图 1–11　**缩放时间线的大小**

004 剪辑工具，功能实用操作简单

扫码看教程

下面介绍使用剪映 App 对短视频进行剪辑处理的基本操作方法。

步骤 01 打开剪映 App，在主界面中点击“开始创作”按钮，如图 1-12 所示。

步骤 02 进入“照片视频”界面，❶ 选择合适的视频素材；❷ 点击右下角的“添加”按钮，如图 1-13 所示。

步骤 03 执行操作后，即可导入该视频素材。点击左下角的“剪辑”按钮，如图1-14所示。

步骤 04 执行操作后，进入视频“剪辑”界面，如图1-15所示。

步骤 05 拖曳时间轴至需要分割的位置，如图1-16所示。

步骤 06 点击“分割”按钮，即可分割视频，如图1-17所示。

图 1-12 **点击“开始创作”按钮**

图 1-13 **点击“添加”按钮**

图 1-14 **点击“剪辑”按钮**

图 1-15 **视频剪辑界面**

图 1-16　**拖曳时间轴**

图 1-17　**分割视频**

步骤 07　❶选择视频的片尾；❷点击“删除”按钮，如图1-18所示。

步骤 08　执行操作后，即可删除剪映默认添加的片尾，如图1-19所示。

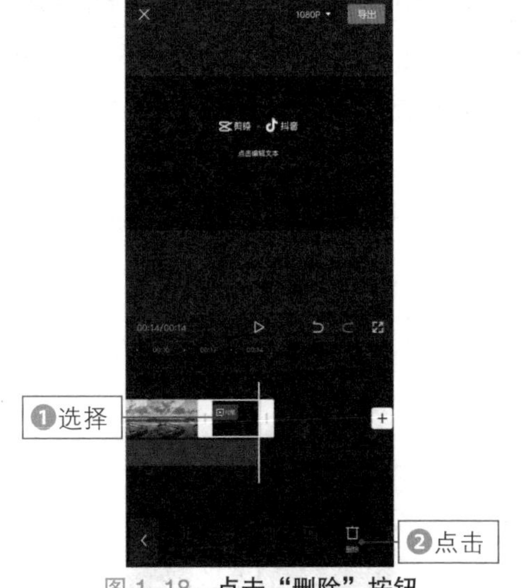

图 1-18　**点击“删除”按钮**

图 1-19　**删除默认片尾**

步骤 09　在“剪辑”二级工具栏中点击“编辑”按钮，可以对视频进行旋转、镜像及裁剪等编辑处理，如图1-20所示。

步骤 10　在“剪辑”二级工具栏中点击“复制”按钮，可以快速复制选择的视频片段，如图1-21所示。

图 1-20　**视频编辑功能**

图 1-21　**复制选择的视频片段**

005　逐帧剪辑，精细到每一帧画面

扫码看教程

剪映 App 除了能对视频进行粗剪，还能精细到对视频每一帧的剪辑。在剪映 App 中导入 3 段素材，如图 1-22 所示。

如果导入的素材位置不对，可以选中并长按需要更换位置的素材，所有素材便会变成小方块，如图 1-23 所示。

图 1-22　**导入素材**

图 1-23　**长按素材**

变成小方块后，即可将视频素材移动到合适的位置，如图 1–24 所示。移动到合适的位置后，松开手指即可成功调整素材位置，如图 1–25 所示。

图 1–24　**移动素材位置**

图 1–25　**成功调整素材位置**

如果想要对视频进行更加精细的剪辑，只需放大时间线，如图 1–26 所示。在时间刻度上，用户可以看到显示最高剪辑精度为 5 帧画面，如图 1–27 所示。

图 1–26　**放大时间线**

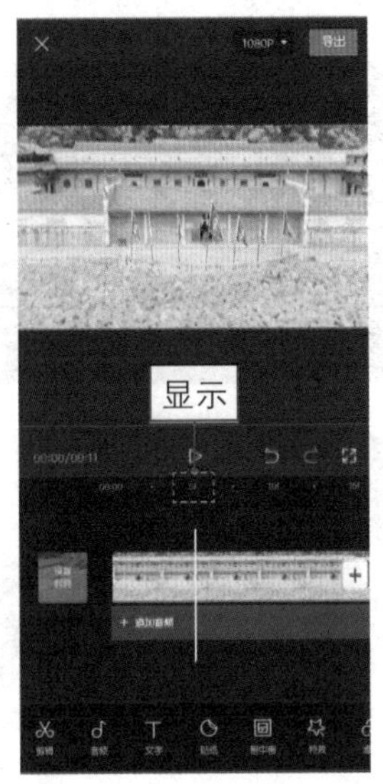

图 1–27　**显示最高剪辑精度**

虽然时间刻度上显示最高的精度是 5 帧画面，大于 5 帧的画面可分割，但用户也可以在大于 2 帧且小于 5 帧的位置进行分割，如图 1–28 所示。

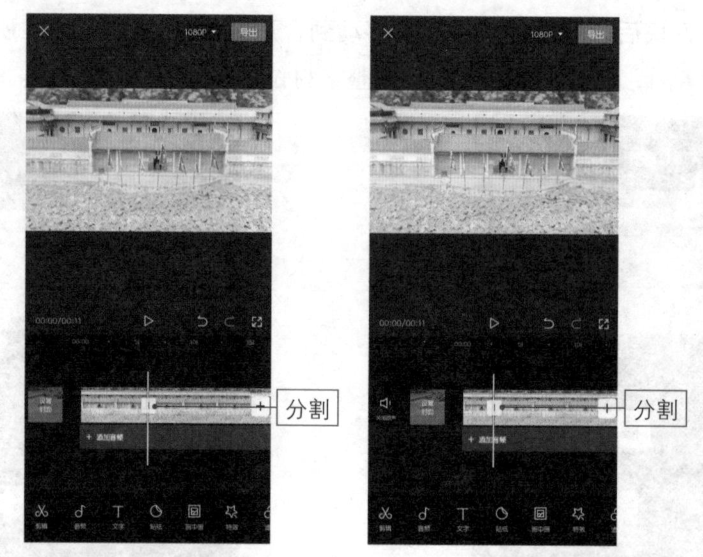

图 1-28　大于 5 帧的分割（左）和大于 2 帧且小于 5 帧的分割（右）

006 替换素材，快速换成合适素材

扫码看效果　扫码看教程

【效果展示】：替换素材功能可以快速替换视频轨道中不合适的视频素材，效果如图 1-29 所示。

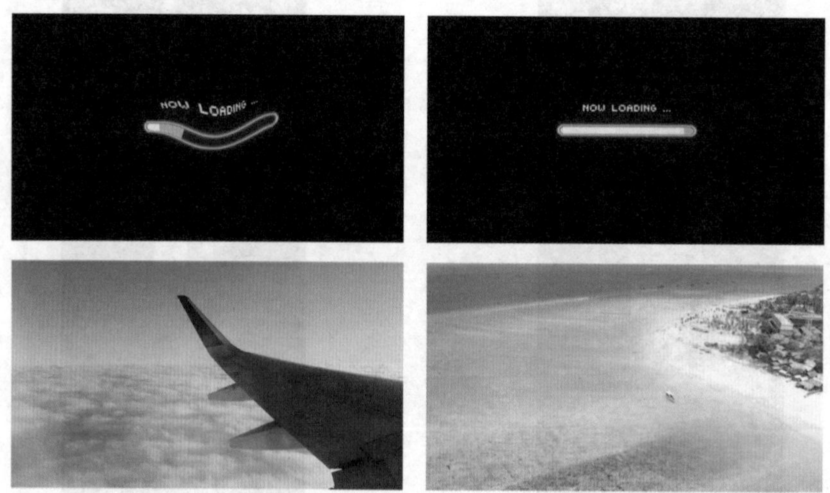

图 1-29　替换素材效果展示

下面介绍使用剪映 App 替换视频素材的具体操作方法。

步骤 01　在剪映App中导入相应的素材，并添加合适的背景音乐，如图1-30

所示。

步骤 02 如果用户发现了更适合的素材，可以使用“替换”功能将其替换，❶在时间线区域中选择要替换的视频片段；❷点击“剪辑”二级工具栏中的“替换”按钮，如图1-31所示。

图 1-30　**添加背景音乐**

图 1-31　**点击“替换”按钮**

步骤 03 进入“照片视频”界面，点击“素材库”按钮，如图1-32所示。

步骤 04 执行操作后，即可切换至“素材库”选项卡，如图1-33所示。

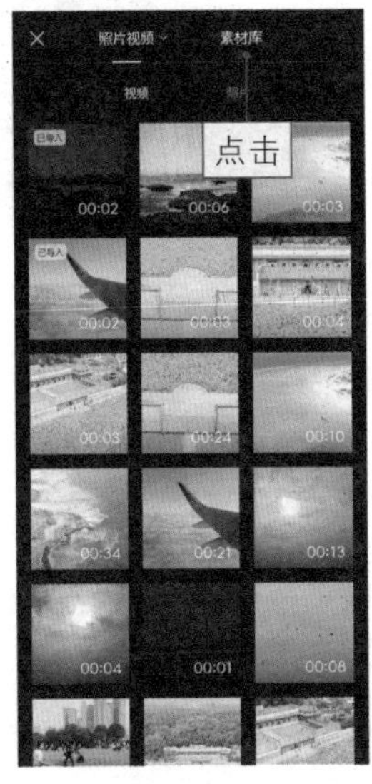

图 1-32　**点击“素材库”按钮**

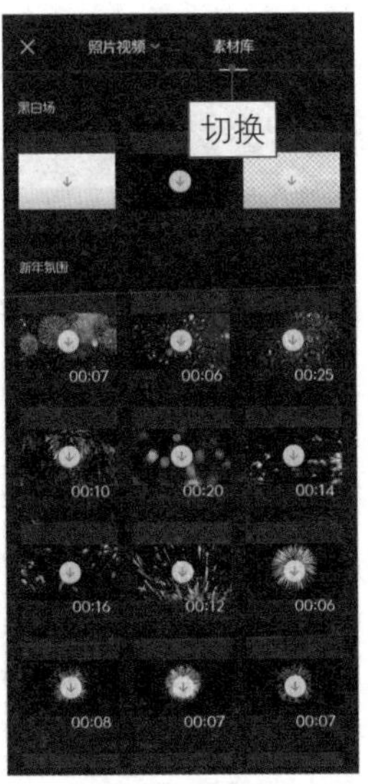

图 1-33　**切换至“素材库”选项卡**

步骤 05 在“片头”选项组中选择合适的动画素材，如图1–34所示。注意，这里既可以选择比被替换的素材时长长的素材，也可选择与被替换的素材时长等长的素材。

步骤 06 执行操作后，可以预览动画素材的效果，如图1–35所示。

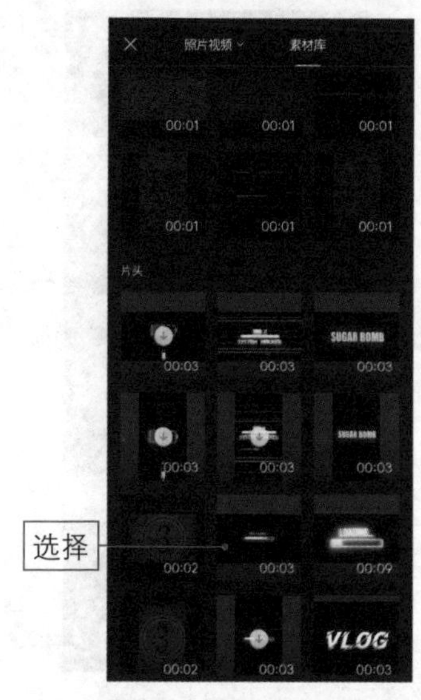

图 1–34　**选择合适的动画素材**

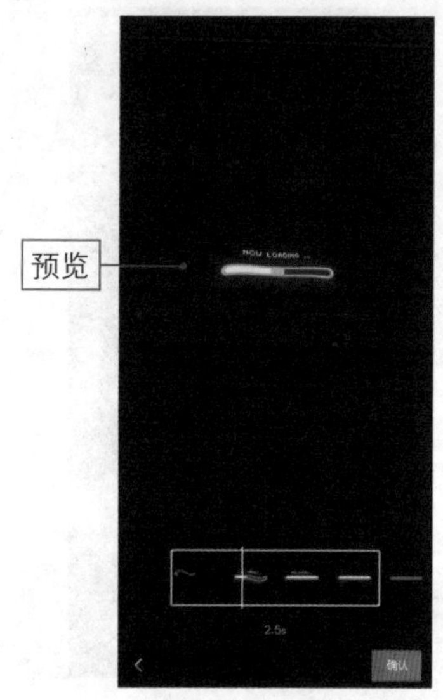

图 1–35　**预览动画素材的效果**

步骤 07 拖曳轨道，确认选取的素材片段范围，如图1–36所示。

步骤 08 点击“确认”按钮，即可替换所选的素材，如图1–37所示。

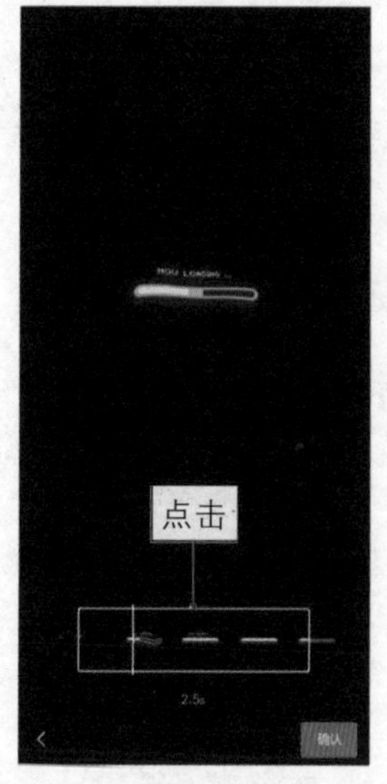

图 1–36　**选取素材片段范围**

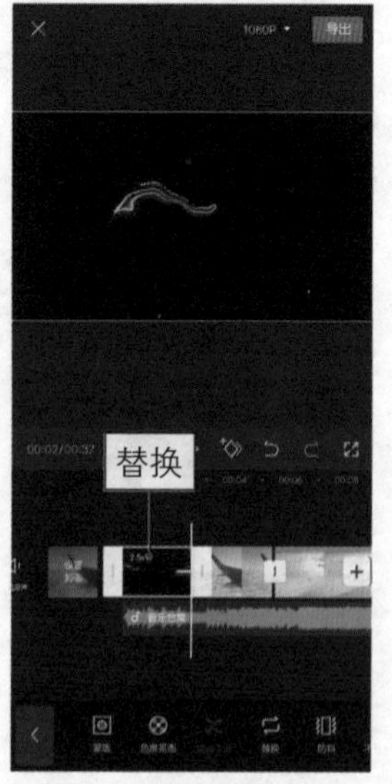

图 1–37　**替换所选的素材**

007 变速功能，蒙太奇变速的效果

扫码看效果　扫码看教程

【效果展示】：变速功能可以改变视频的播放速度，让画面更有动感。可以看到播放速度随着背景音乐的变化，一会儿快一会儿慢，效果如图 1-38 所示。

图 1-38　**变速功能效果展示**

下面介绍使用剪映 App 制作曲线变速短视频的具体操作方法。

步骤 01 在剪映App中导入一段视频素材，并添加合适的背景音乐，点击底部的“剪辑”按钮，如图1-39所示。

步骤 02 进入“剪辑”界面，在“剪辑”二级工具栏中点击“变速”按钮，如图1-40所示。

步骤 03 执行操作后，底部显示变速操作菜单，剪映App提供了“常规变速”和“曲线变速”两种功能，如图1-41所示。

步骤 04 点击“常规变速”按钮，进入相应编辑界面，拖曳红色的圆环滑块，即可调整整段视频的播放速度，如图1-42所示。

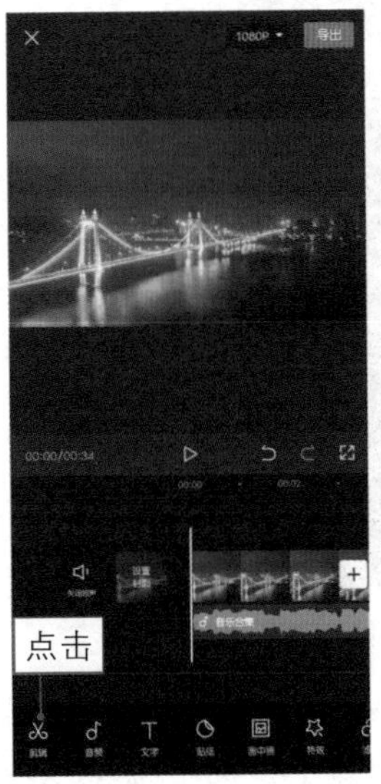

图 1-39　**点击“剪辑”按钮**

图 1-40　**点击“变速”按钮**

图 1-41　**变速操作菜单**

图 1-42　**“常规变速”编辑界面**

步骤 05 在变速操作菜单中点击“曲线变速”按钮，进入“曲线变速”编辑界面，如图1-43所示。

步骤 06 选择“自定”选项，点击“点击编辑”按钮，如图1-44所示。

图 1-43　**进入“曲线变速”界面**

图 1-44　**点击“点击编辑”按钮**

步骤 07 执行操作后，进入“自定”编辑界面，系统会自动添加一些变速点，拖曳时间轴至变速点上，向上拖曳变速点，即可加快播放速度，如图1-45所示。

步骤 08 向下拖曳变速点，即可放慢播放速度，如图1–46所示。

图 1–45　**加快播放速度**

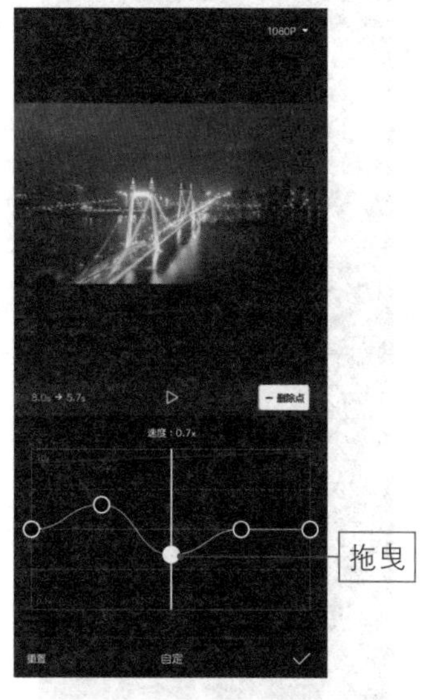

图 1–46　**放慢播放速度**

步骤 09 返回“曲线变速”编辑界面，选择“蒙太奇”选项，如图1–47所示。

步骤 10 点击“点击编辑”按钮，进入“蒙太奇”编辑界面，将时间轴拖曳到需要进行变速处理的位置，如图1–48所示。

图 1–47　**选择“蒙太奇”选项**

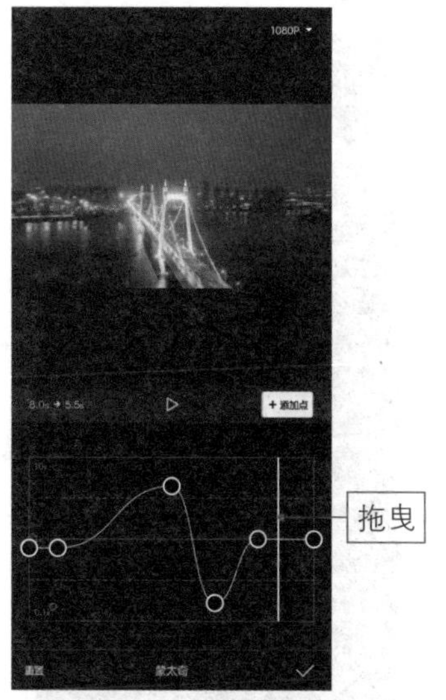

图 1–48　**拖曳时间轴 1**

步骤 11 点击【+添加点】按钮，即可添加一个新的变速点，如图1–49所示。

步骤 12 将时间轴拖曳到需要删除的变速点上，如图1–50所示。

图 1–49　**添加新的变速点**

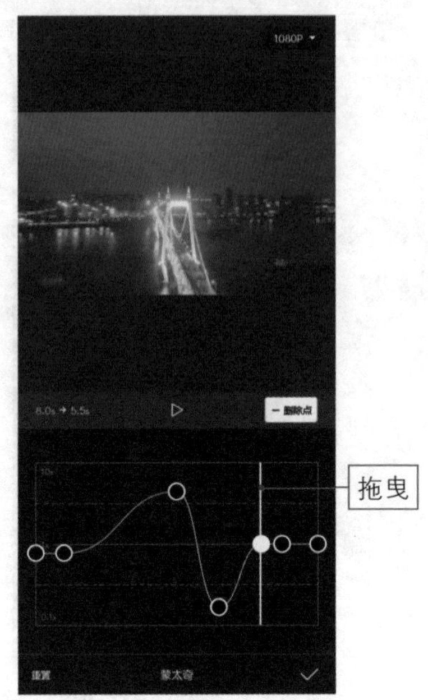

图 1–50　**拖曳时间轴 2**

步骤 13 点击[- 删除点]按钮，即可删除所选的变速点，如图1–51所示。

步骤 14 根据背景音乐的节奏，适当添加、删除并调整变速点的位置。点击右下角的✓按钮确认，完成曲线变速的调整，如图1–52所示。

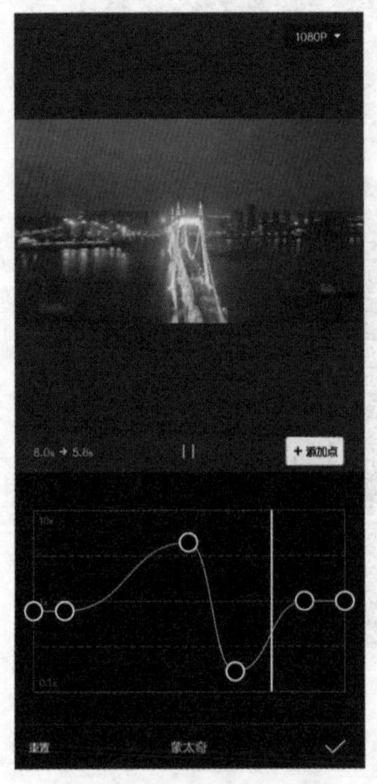

图 1–51　**删除变速点**

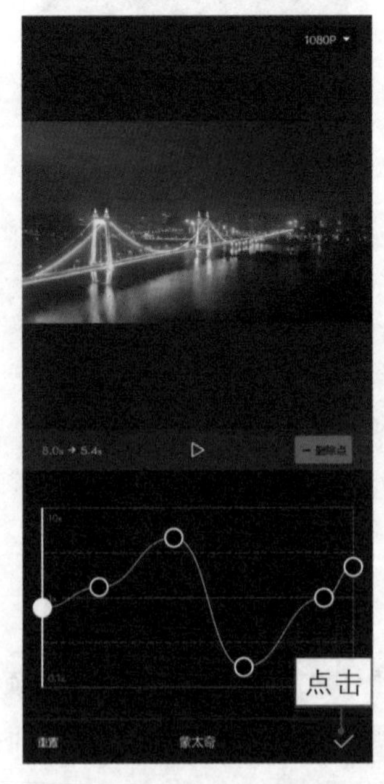

图 1–52　**点击相应按钮**

008 倒放功能，实现时光倒流效果

扫码看效果

扫码看教程

【效果展示】：在制作短视频时，可以将其倒放，从而得到更加具有创意的效果。可以看到原本视频中的画面完全颠倒了过来，向前走的骆驼变成了倒着走的，效果如图 1–53 所示。

图 1–53　**倒放功能效果展示**

下面介绍使用剪映 App 制作视频倒放效果的具体操作方法。

步骤 01 在剪映 App 中导入一段素材，并添加合适的背景音乐，如图 1–54 所示。

步骤02 ❶选择视频轨道；❷在"剪辑"二级工具栏中点击"倒放"按钮，如图1-55所示。

图 1-54　**添加背景音乐**

图 1-55　**点击"倒放"按钮**

步骤03 系统会对视频片段进行倒放处理，并显示处理进度，如图1-56所示。

步骤04 稍等片刻，即可倒放所选的视频片段，如图1-57所示。

图 1-56　**显示倒放处理进度**

图 1-57　**倒放所选的视频片段**

009 定格功能，制作拍照定格效果

扫码看效果

扫码看教程

【效果展示】：定格功能可以将视频中的某一帧画面定格并持续 3s。可以看到，在鸟飞翔的过程中，突然一个闪白，画面就像被照相机拍成了照片一样被定格了，接着画面又继续动起来，效果如图 1–58 所示。

图 1–58　**画面定格效果展示**

下面介绍使用剪映 App 制作视频定格效果的具体操作方法。

步骤 01 在剪映App中导入一段素材，并添加相应的音频，如图1–59所示。

步骤 02 点击底部的“剪辑”按钮，进入剪辑“编辑”界面，❶拖曳时间轴至需要定格的位置处；❷在“剪辑”二级工具栏中点击“定格”按钮，如图1–60所示。

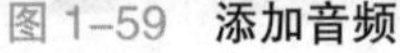

图 1–59　**添加音频**

图 1–60　**点击“定格”按钮**

步骤 03 执行操作后，即可自动分割出所选的定格画面，该片段将持续3s，如图1–61所示。

步骤 04 返回主界面，依次点击“音频”按钮和“音效”按钮，在“机械”音效选项卡中选择“拍照声1”选项，如图1–62所示。

图 1–61　**分割出定格片段画面**

图 1–62　**选择“拍照声 1”选项**

步骤 05 点击“使用”按钮，添加一个拍照音效，并将音效轨道调整至合适位置，如图1–63所示。

步骤 06 返回主界面，点击“特效”按钮，在“基础”特效选项卡中选择“白色渐显”特效，如图1-64所示。

图 1-63　**调整音效位置**

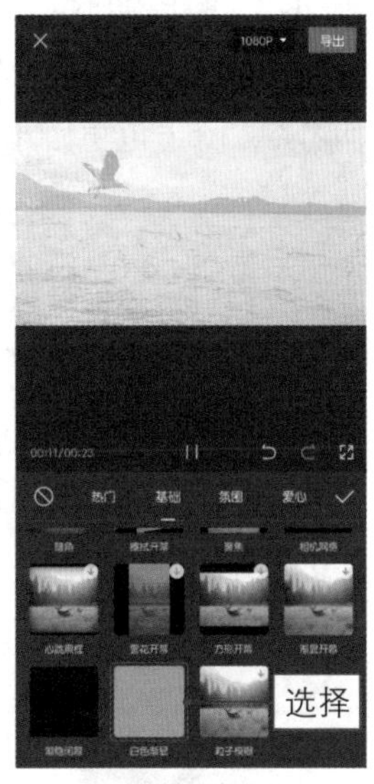

图 1-64　**选择“白色渐显”特效**

步骤 07 点击✓按钮，即可添加一个“白色渐显”特效，如图1-65所示。

步骤 08 适当调整“白色渐显”特效的持续时间，将其缩短到与音效的时长基本一致，如图1-66所示。

图 1-65　**添加“白色渐显”特效**

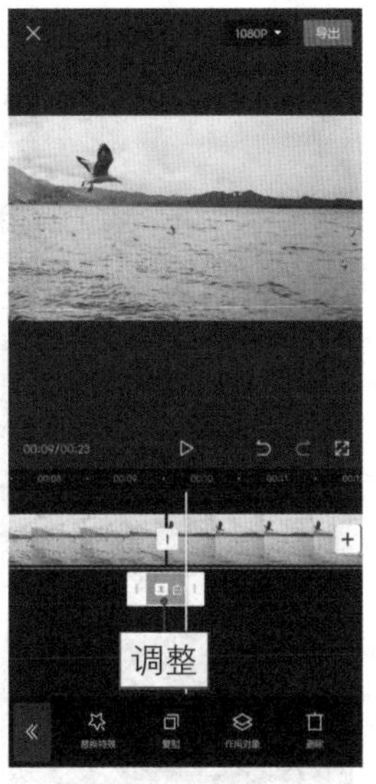

图 1-66　**调整特效的持续时间**

010 磨皮瘦脸，打造人物精致面容

扫码看效果　扫码看教程

【效果展示】：磨皮瘦脸功能可以对人物的皮肤和脸型起到一个美化作用。可以看到对人物进行磨皮和瘦脸后，皮肤更加细腻了，脸蛋也更娇小了，效果如图 1–67 所示。

图 1–67　**磨皮瘦脸效果展示**

下面介绍剪映 App 中的磨皮瘦脸功能的具体操作方法。

步骤 01 在剪映App中导入一段素材，点击“剪辑”按钮，如图1–68所示。

步骤 02 点击“剪辑”二级工具栏中的“美颜”按钮，如图1–69所示。

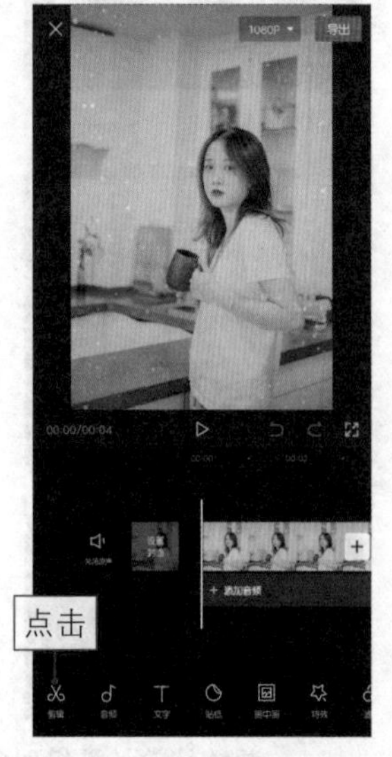

图 1–68　**点击“剪辑”按钮**

图 1–69　**点击“美颜”按钮**

步骤 03 执行操作后，调出“美颜”菜单，❶选择“磨皮”选项；❷适当向右拖曳滑块，使得人物的皮肤更加细腻，如图1–70所示。

步骤 04 ❶选择“瘦脸”选项；❷适当向右拖曳滑块，使人物的脸型更加完美，如图1–71所示。

图 1–70　**调整“磨皮”选项**

图 1–71　**调整“瘦脸”选项**

011　添加滤镜，增强视频画面色彩

扫码看效果

扫码看教程

【效果展示】：添加滤镜是一种能够增强视频画面色彩的方法。可以看到，添加滤镜后画面的色彩更加丰富鲜亮，效果如图 1–72 所示。

图 1–72　**添加滤镜效果展示**

下面介绍使用剪映 App 为短视频添加滤镜效果的具体操作方法。

步骤 01 在剪映 App 中导入一段素材，点击一级工具栏中的"滤镜"按钮，如图 1-73 所示。

步骤 02 进入"滤镜"界面，其中包括质感、清新、风景及复古等滤镜选项卡，如图 1-74 所示。

步骤 03 用户可根据视频场景选择合适的滤镜效果，如图1-75所示。

步骤 04 点击✓按钮返回，拖曳滤镜轨道右侧的白色拉杆，调整滤镜的持续时间，使其与视频时间保持一致，如图1-76所示。

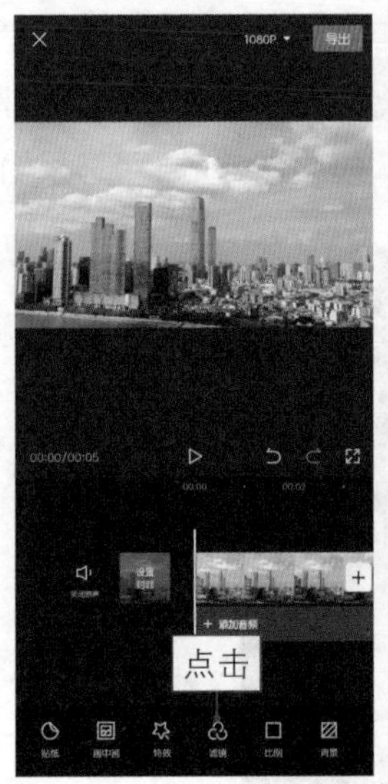

图 1-73 **点击"滤镜"按钮**

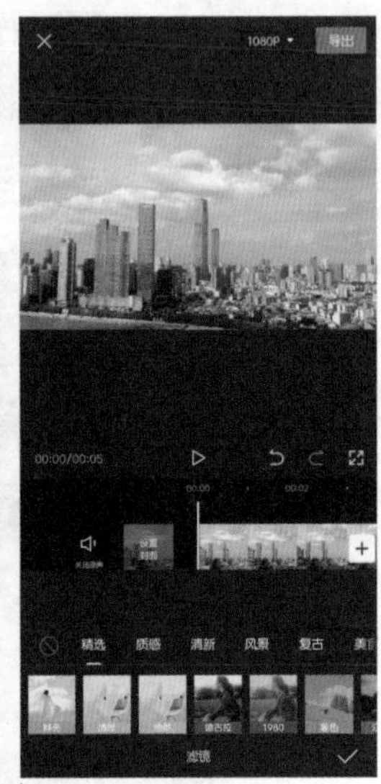

图 1-74 **"滤镜"界面**

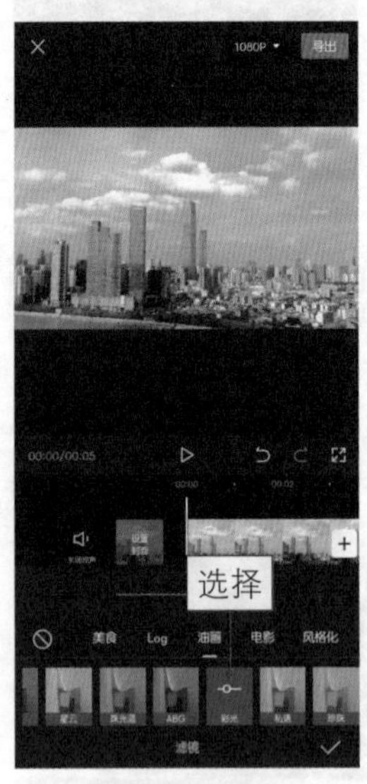

图 1-75 **选择合适的滤镜效果**

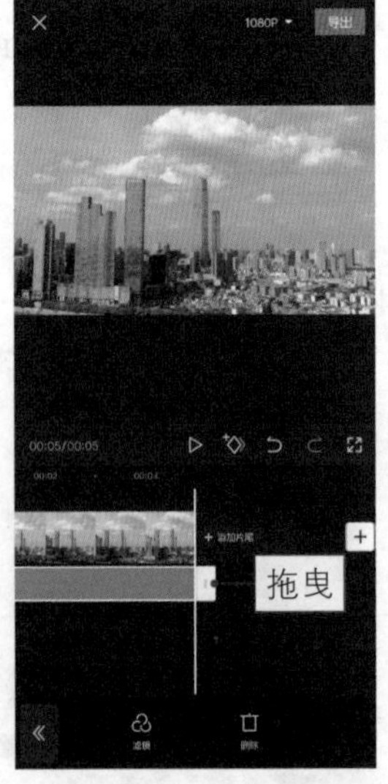

图 1-76 **调整滤镜的持续时间**

步骤 05 点击底部的"滤镜"按钮，调出"滤镜"编辑界面，拖曳"滤镜"界面上方的白色圆环滑块，适当调整滤镜的应用程度参数，如图1-77所示。

步骤 06 点击"导出"按钮导出视频，预览视频效果，如图1-78所示。

图 1–77　**调整应用程度参数**

图 1–78　**预览视频效果**

012　添加特效，丰富画面提高档次

扫码看效果　扫码看教程

【效果展示】：添加特效能够丰富短视频画面的内容，提高短视频的档次。可以看到画面原本是被模糊特效遮住的，当画面被甩入时，泡泡特效从左下角进入画面，效果如图 1–79 所示。

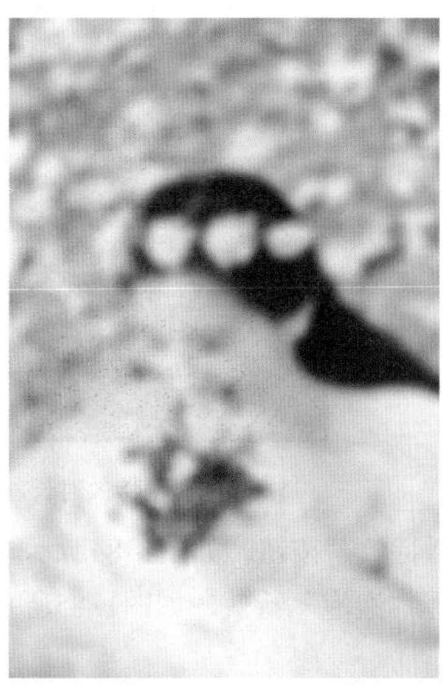

图 1–79　**添加特效效果展示**

下面介绍使用剪映 App 为短视频添加特效的具体操作方法。

步骤 01 在剪映App中导入一段素材，点击一级工具栏中的“特效”按钮，如图1–80所示。

步骤 02 进入“特效”界面，可以看到里面有热门、基础、氛围及爱心等特效选项卡，点击“基础”按钮，如图 1–81 所示。

步骤 03 切换至“基础”选项卡，可以看到“开幕”“变清晰”及“镜头变焦”等特效，选择“模糊”特效，如图 1–82 所示。

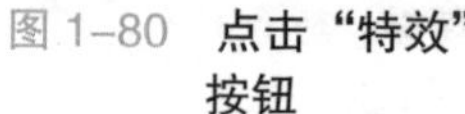

图 1–80 点击“特效”按钮

图 1–81 点击“基础”按钮

步骤 04 点击✓按钮返回，拖曳特效轨道右侧的白色拉杆，适当调整特效时长，如图1–83所示。

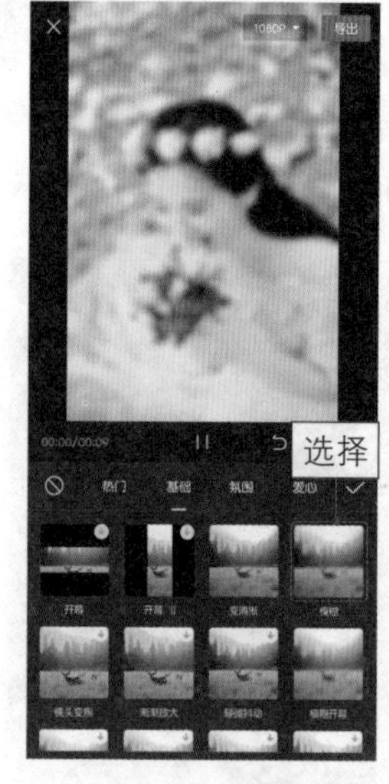

图 1–82 选择“模糊”特效

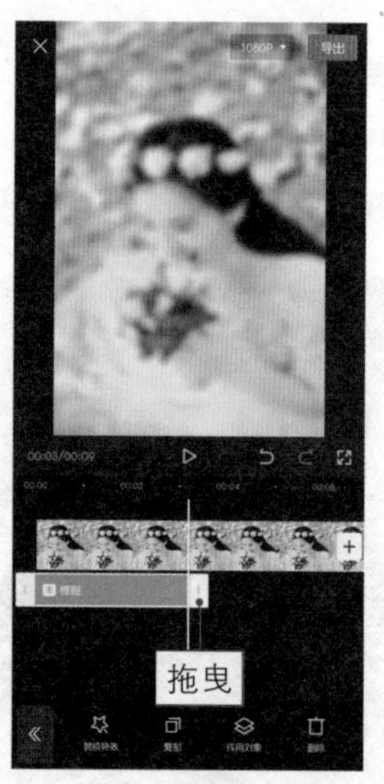

图 1–83 调整特效时长

步骤 05 点击«按钮返回，点击“新增特效”按钮，如图1–84所示。

步骤 06 切换至“氛围”选项卡，选择“泡泡”特效，如图1–85所示。执行操作后，返回并调整特效时长。

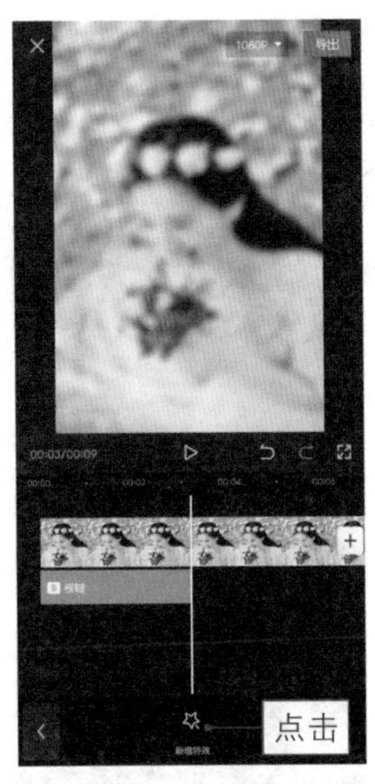

图 1-84　**点击“新增特效”按钮**

图 1-85　**选择“泡泡”特效**

013　色度抠图，快速抠出绿幕素材

扫码看效果

扫码看教程

【效果展示】：色度抠图是剪映中一种非常实用的功能，只需选择需要抠除的颜色，再对该颜色的强度和阴影进行调节，即可抠除不需要的颜色。可以看到，原本在绿幕素材里的飞机经过色度抠图后，与天空背景完美融合，非常逼真，效果如图 1-86 所示。

图 1-86　**色度抠图效果展示**

下面介绍使用剪映 App 的色度抠图功能进行抠图的具体操作方法。

步骤 01 在剪映App中导入一段素材，点击“画中画”按钮，如图1-87所示。

步骤 02 点击“新增画中画”按钮，如图1-88所示。

图 1-87 **点击“画中画”按钮**

图 1-88 **点击“新增画中画”按钮**

步骤 03 进入“照片视频”界面，切换至“素材库”选项卡，如图1-89所示。

步骤 04 找到“绿幕”选项组，❶选择飞机飞过的绿幕素材；❷点击“添加”按钮，如图1-90所示。

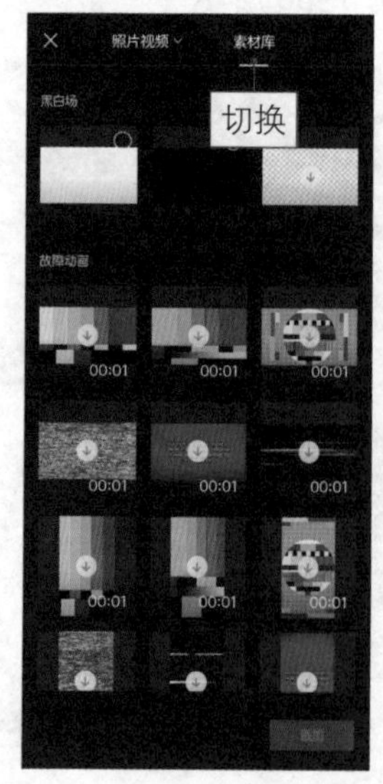

图 1-89 **切换至“素材库”选项卡**

图 1-90 **点击“添加”按钮**

步骤 05 执行操作后即可将素材添加到画中画轨道，如图1-91所示。

步骤 06 ❶在预览区域调整画面大小，使其占满屏幕；❷拖曳时间轴至飞机出来的位置；❸点击工具栏中的“色度抠图”按钮，如图1-92所示。

步骤 07 执行操作后进入“色度抠图”界面，预览区域会出现一个取色器，拖曳取色器至需要抠除颜色的位置，❶选择“强度”选项；❷拖曳滑块，将其参数设置为100，如图1-93所示。注意，当强度发生改变时取色器便会消失，所以这里改变强度后便看不见取色器了。

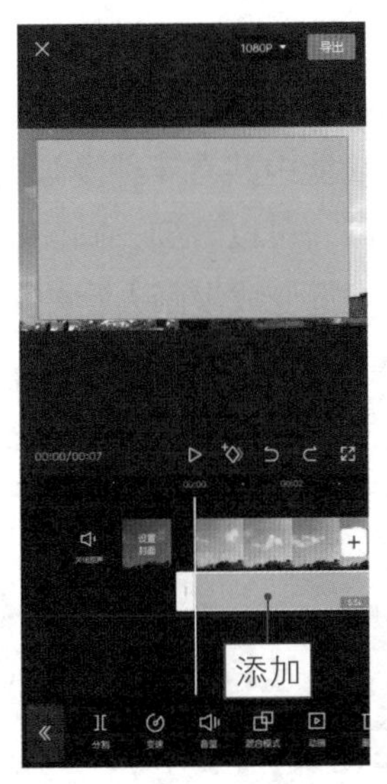

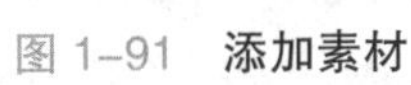
图 1-91　**添加素材**

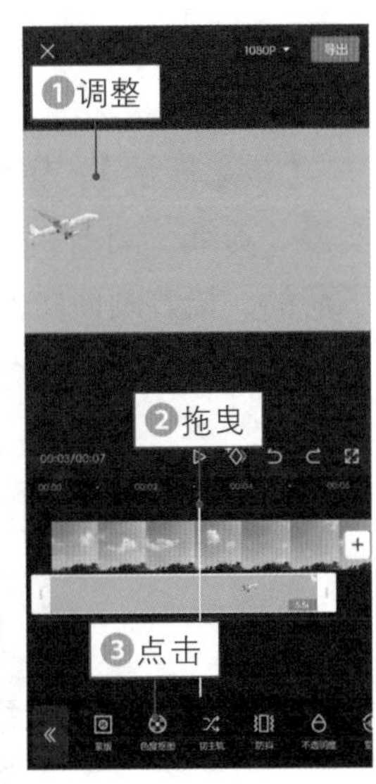

图 1-92　**点击“色度抠图”按钮**

步骤 08 ❶选择“阴影”选项；❷拖曳滑块，将其参数同样设置为100，如图1-94所示。

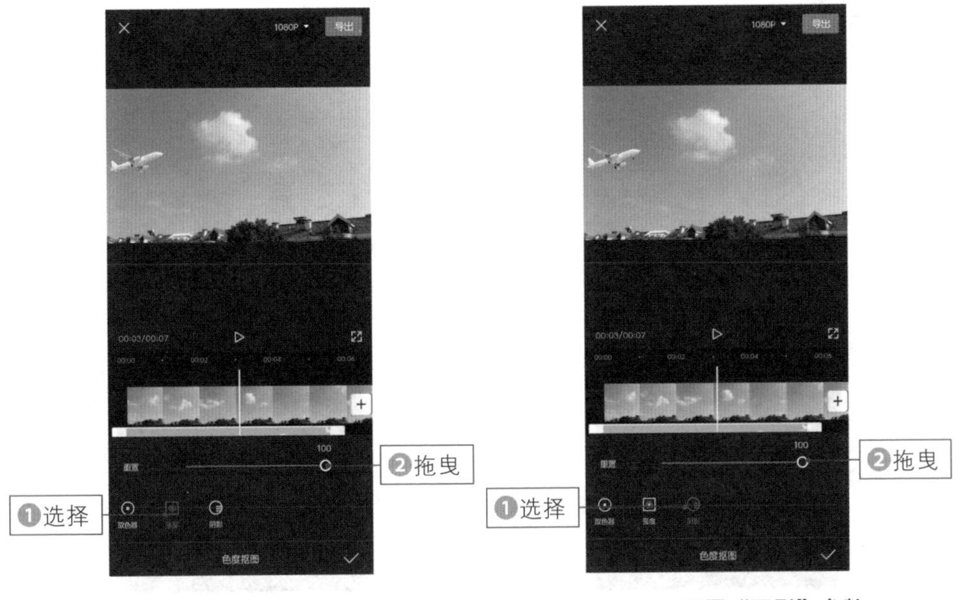

图 1-93　**设置“强度”参数**　　图 1-94　**设置“阴影”参数**

014 漫画功能，让人物秒变漫画脸

扫码看效果 扫码看教程

【效果展示】：漫画功能中共有 4 种漫画玩法，分别为萌漫、剪纸、潮漫和日漫。可以看到，画面一开始是模糊不清的，接着画面向前推近变成漫画人物效果，如图 1–95 所示。

图 1–95 **漫画功能效果展示**

下面介绍使用剪映 App 的漫画功能制作短视频的具体操作方法。

步骤 01 在剪映App中导入一段素材，点击“比例”按钮，如图1–96所示。

步骤 02 选择9:16选项，如图1–97所示。

图 1–96 **点击“比例”按钮**

图 1–97 **选择 9 : 16 选项**

步骤 03 点击<按钮返回，点击工具栏中的“背景”按钮，如图1-98所示。

步骤 04 选择“画布模糊”选项，如图1-99所示。

图 1-98　**点击“背景”按钮**

图 1-99　**选择“画布模糊”选项**

步骤 05 进入“画布模糊”界面，选择第3个模糊效果，如图1-100所示。

步骤 06 点击✓按钮返回，❶选择视频轨道；❷适当向左拖曳时间轴；❸点击“分割”按钮，如图1-101所示。

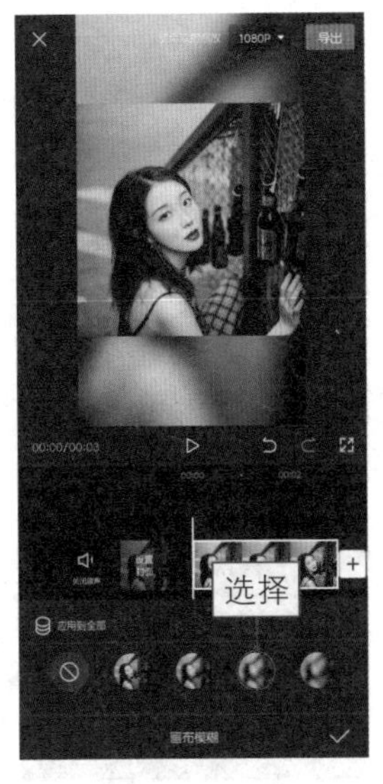

图 1-100　**选择第 3 个模糊效果**

图 1-101　**点击“分割”按钮**

步骤 07 ❶选择第1段视频轨道；❷向右拖曳视频轨道右侧的白色拉杆；❸将其时长设置为3.5s，如图1-102所示。

步骤 08 采用同样的操作方法，❶将第2段视频轨道的时长设置为3.8s；❷选择第2段视频轨道；❸点击“漫画”按钮，如图1-103所示。

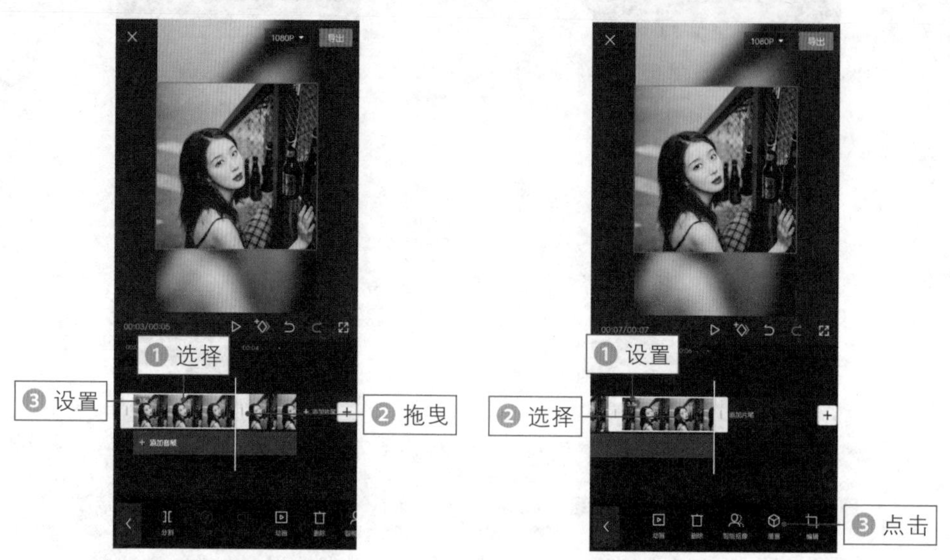

图 1-102　**设置视频时长**

图 1-103　**点击“漫画”按钮**

步骤 09 执行操作后进入“玩法”界面，选择“日漫”选项，如图1-104所示。

步骤 10 执行操作后，显示生成漫画效果的进度，如图1-105所示。

图 1-104　**选择“日漫”选项**

图 1-105　**显示生成进度**

步骤 11 稍等片刻即可生成漫画效果，返回并点击转场按钮▯，如图 1-106 所示。

步骤 12 进入“转场”界面，❶ 切换至“运镜转场”选项卡；❷ 选择“推近”转场效果，如图 1-107 所示。

图 1-106　**点击相应按钮**

图 1-107　**选择“推近”转场效果**

步骤 13 ❶返回并拖曳时间轴至起始位置；❷点击“特效”按钮，如图1-108所示。

步骤 14 进入“特效”界面，❶切换至“基础”选项卡；❷选择“变清晰”特效，如图1-109所示。

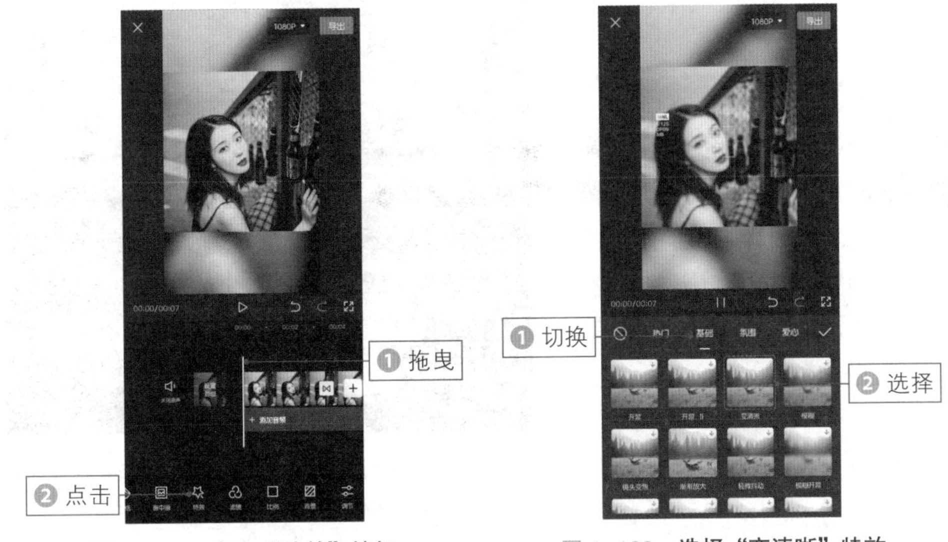

图 1-108　**点击“特效”按钮**

图 1-109　**选择“变清晰”特效**

步骤 15 ❶返回并拖曳时间轴至第2段视频的起始位置；❷点击“新增特效”按钮，如图1-110所示。

步骤 16 再次进入“特效”界面，❶切换至“氛围”选项卡；❷选择“金粉”特效，如图1-111所示。

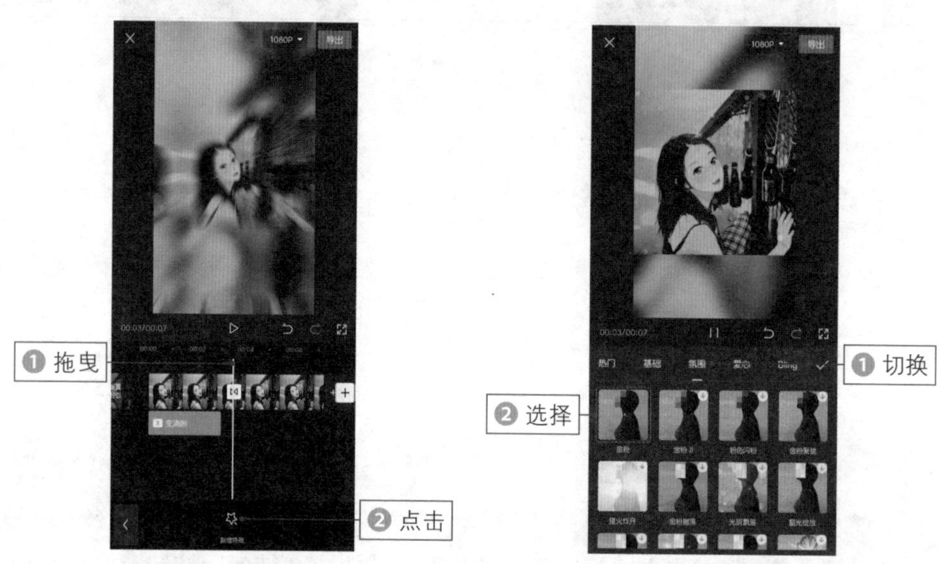

图 1-110　**点击“新增特效”按钮**

图 1-111　**选择“金粉”特效**

步骤 17 采用同样的操作方法，再添加一段“动感”选项卡中的“波纹色差”特效，如图1-112所示。

步骤 18 拖曳“波纹色差”特效轨道右侧的白色拉杆，调整特效时长，使其与视频结束位置对齐，如图1-113所示。采用同样的操作方法，调整“金粉”特效的时长，最后添加合适的背景音乐。

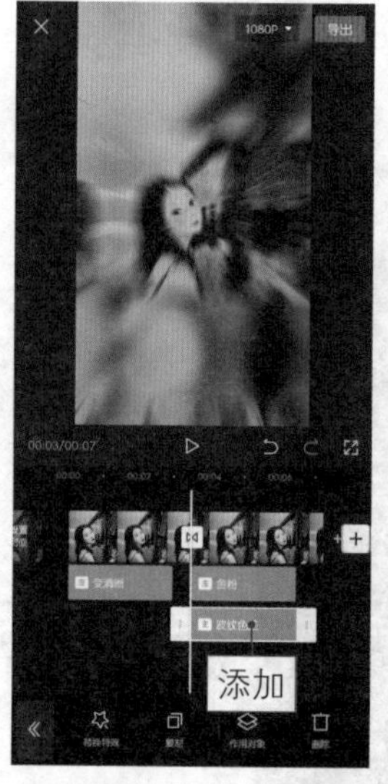

图 1-112　**添加“波纹色差”特效**

图 1-113　**调整特效时长**

015 一键成片，功能实用操作简单

扫码看效果

扫码看教程

【效果展示】：一键成片是剪映 App 为了方便用户剪辑而推出的一个功能，操作简单，实用性也非常强，效果如图 1–114 所示。

图 1–114　**一键成片效果展示**

下面介绍剪映 App 一键成片功能的基本操作方法。

步骤 01 打开剪映 App，在主界面中点击“一键成片”按钮，如图 1–115 所示。

步骤 02 进入“照片视频”界面，❶ 选择需要剪辑的素材；❷ 点击“下一步”按钮，如图 1–116 所示。

步骤 03 执行操作后，显示合成效果的进度，如图 1–117 所示。

步骤 04 ❶ 稍等片刻视频即可制作完成，并自动播放预览；❷ 下方还提供了其他视频模板，如图 1–118 所示。

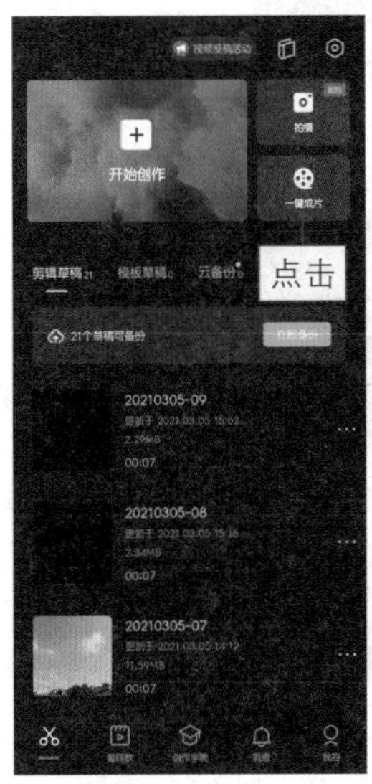

图 1–115　**点击“一键成片”按钮**

图 1–116　**点击“下一步”按钮**

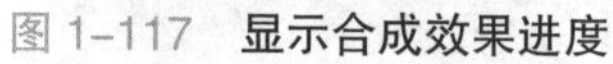
图 1–117　**显示合成效果进度**

图 1–118　**其他视频模板**

步骤 05 用户可自行选择喜欢的模板，点击“点击编辑”按钮，如图1–119所示。

步骤 06 默认进入“视频编辑”界面，❶ 点击下方的“点击编辑”按钮；❷ 可选择“拍摄”“替换”“裁剪”或“音量”选项来编辑素材，如图 1–20 所示。

图 1–119　**点击“点击编辑”按钮**

图 1–120　**选择编辑功能**

步骤 07 ❶切换至“文本编辑”界面；❷选择需要更改的文字，点击“点击编辑”按钮，如图1–121所示，即可重新对文字进行编辑。

步骤 08 编辑完成后，点击“导出”按钮，如图1–122所示。

图 1–121　**点击“点击编辑”按钮**

图 1–122　**点击“导出”按钮**

步骤 09 执行操作后，进入“导出选择”界面，选择“导出”选项，如图 1–123 所示。

步骤 10 执行操作后，即可开始导出视频，并显示导出进度，如图1–124所示。

图 1–123　**选择“导出”选项**

图 1–124　**显示导出进度**

第 2 章

9 种“网红”调色：调出心动的高级感

本章要点

如今，人们的欣赏眼光越来越高，喜欢追求更有创造性的短视频作品。因此，在后期对短视频的色调进行处理时，不仅要突出画面主体，还要表现出适合主题的艺术气息，实现完美的色调视觉效果。本章主要介绍去掉杂色、青橙色调、赛博朋克及蓝天白云等 9 种网红色调的调色技巧。

016 去掉杂色，留下黑金化繁为简

扫码看效果　扫码看教程

【效果展示】：去掉杂色能够让画面的色彩更加具有冲击力。可以看到，调色后的视频中只留下了黑色和金色，画面看上去更有质感，效果如图 2–1 所示。

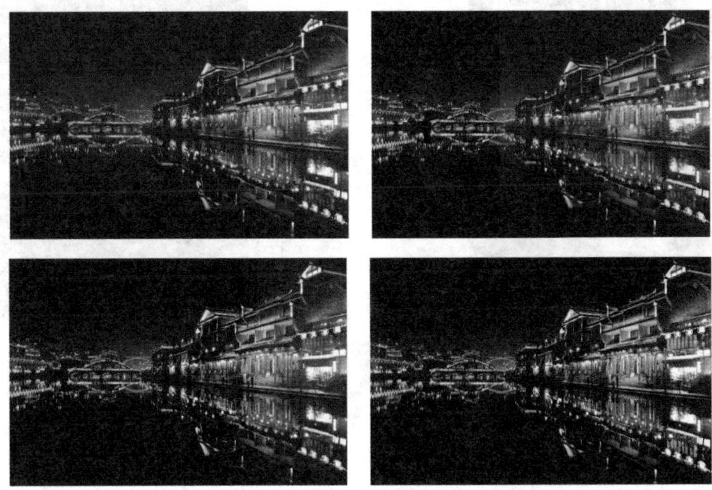

图 2–1　**去掉杂色效果展示**

下面介绍使用剪映 App 去掉画面中的杂色，制作出黑金色调的具体操作方法。

步骤 01 在剪映App中导入一段素材，❶选择视频轨道；❷点击“滤镜”按钮，如图2–2所示。

步骤 02 ❶切换至“风格化”选项卡；❷选择“黑金”滤镜，如图2–3所示。

步骤 03 返回并点击“调节”按钮，如图2–4所示。

步骤 04 进入“调节”界面，❶ 选择“亮度”选项；❷ 拖曳滑块，将其参数调至 7，如图 2–5 所示。

图 2–2　**点击“滤镜”按钮**

图 2–3　**选择“黑金”滤镜**

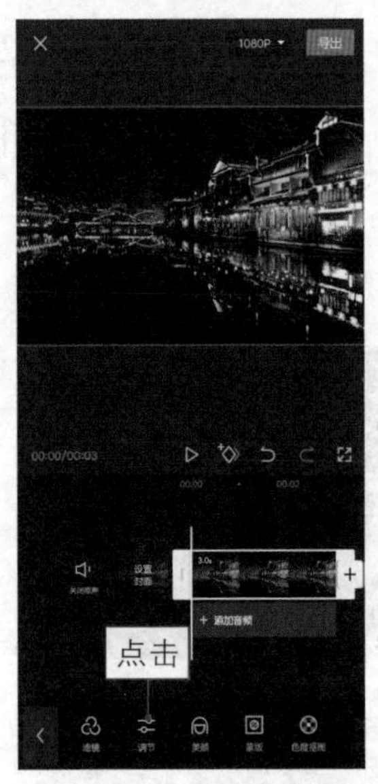

图 2-4　**点击“调节”按钮**

图 2-5　**调节“亮度”参数**

步骤 05 ❶选择“饱和度”选项；❷拖曳滑块，将其参数调至12，如图2-6所示。

步骤 06 ❶选择“锐化”选项；❷拖曳滑块，将其参数调至28，如图2-7所示。

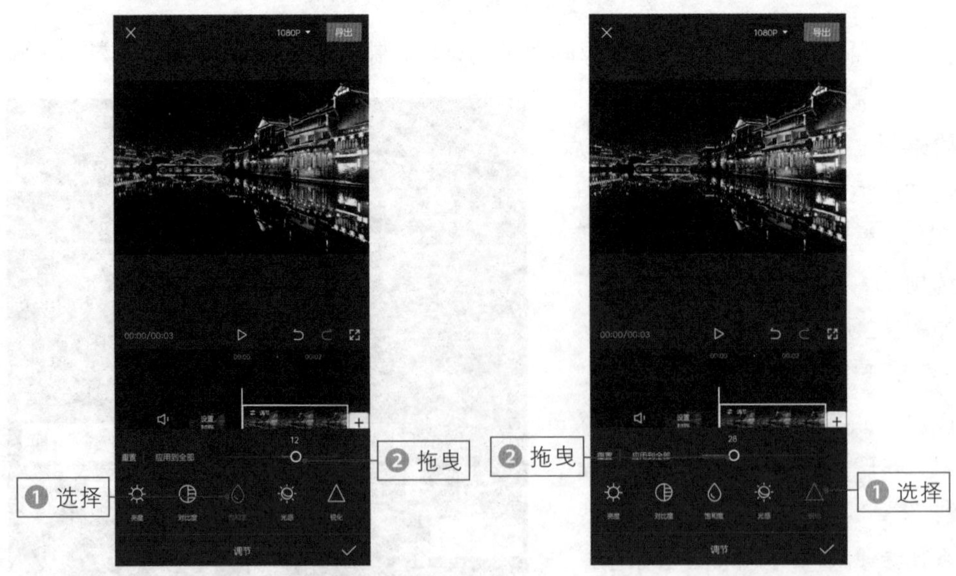

图 2-6　**调节“饱和度”参数**　　图 2-7　**调节“锐化”参数**

步骤 07 ❶ 选择“高光”选项；❷ 拖曳滑块，将其参数调至 8，如图 2-8 所示。

步骤 08 ❶ 选择“色调”选项；❷ 拖曳滑块，将其参数调至 28，如图 2-9 所示。

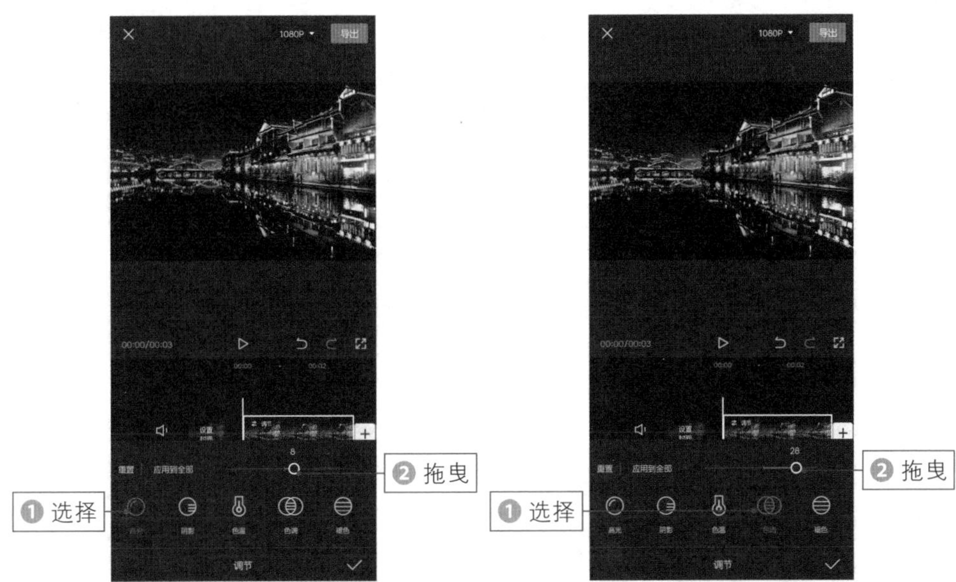

图 2-8　**调节“高光”参数**　　图 2-9　**调节“色调”参数**

步骤 09　点击✓按钮返回，点击“画中画”按钮，如图2-10所示。

步骤 10　点击“新增画中画”按钮，如图2-11所示。

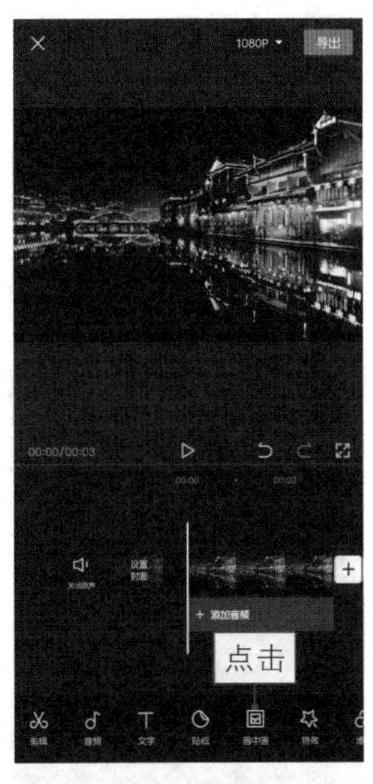

图 2-10　**点击“画中画”按钮**

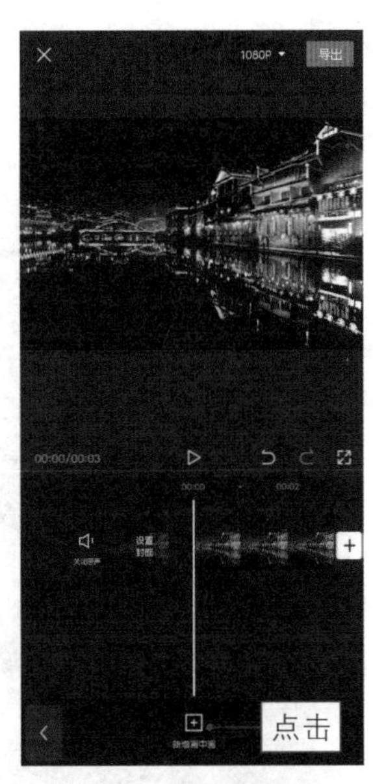

图 2-11　**点击“新增画中画”按钮**

步骤 11　再次导入素材，❶在预览区域放大视频画面，使其铺满全屏；❷点击“蒙版”按钮，如图2-12所示。

步骤 12 进入"蒙版"界面，❶选择"线性"蒙版；❷在预览区域顺时针旋转蒙版至90°，如图2-13所示。

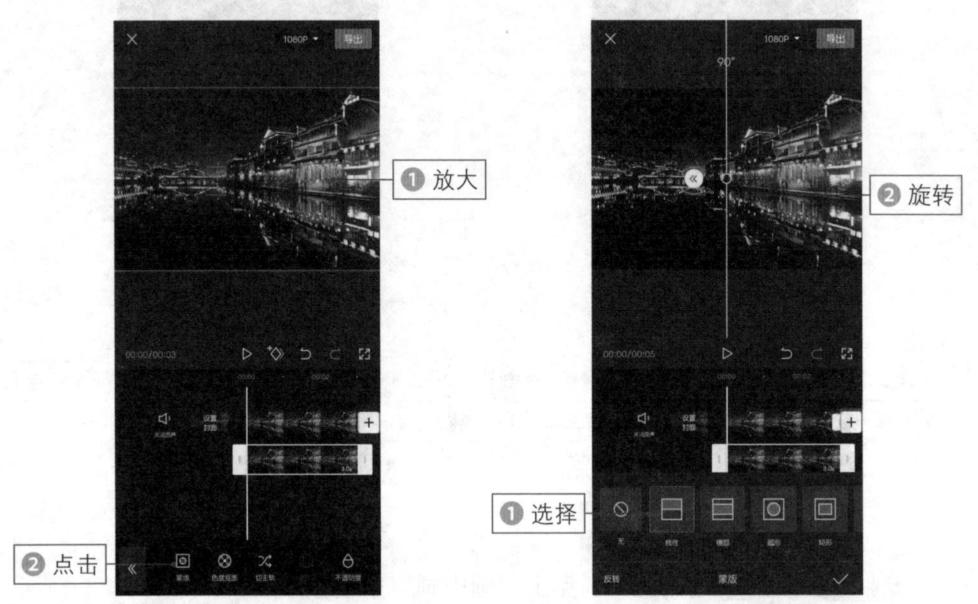

图 2-12 **点击"蒙版"按钮 1** 图 2-13 **旋转蒙版**

步骤 13 在预览区域将蒙版拖曳至画面的最左侧，如图2-14所示。

步骤 14 ❶返回并点击按钮；❷添加一个关键帧，如图2-15所示。

图 2-14 **拖曳蒙版 1** 图 2-15 **添加一个关键帧**

步骤 15 ❶拖曳时间轴至3s位置；❷点击“蒙版”按钮，如图2–16所示。

步骤 16 在预览区域将蒙版拖曳至画面的最右侧，如图2–17所示。

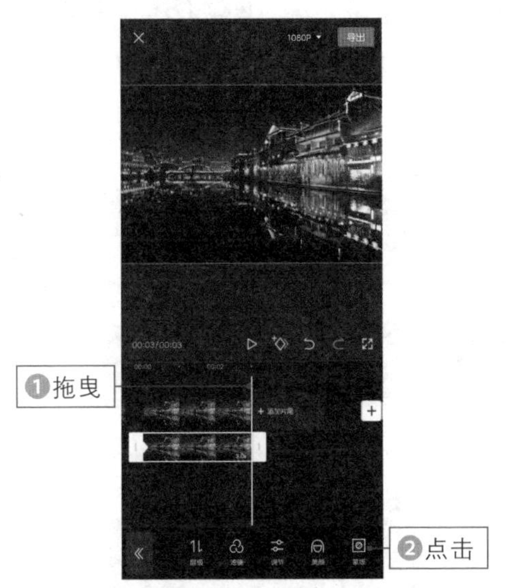

图 2–16　**点击“蒙版”按钮 2**

图 2–17　**拖曳蒙版 2**

步骤 17 返回并拖曳视频轨道和画中画轨道右侧的白色拉杆，将其时长调整为5s，如图2–18所示。

步骤 18 返回并添加合适的背景音乐，如图2–19所示。

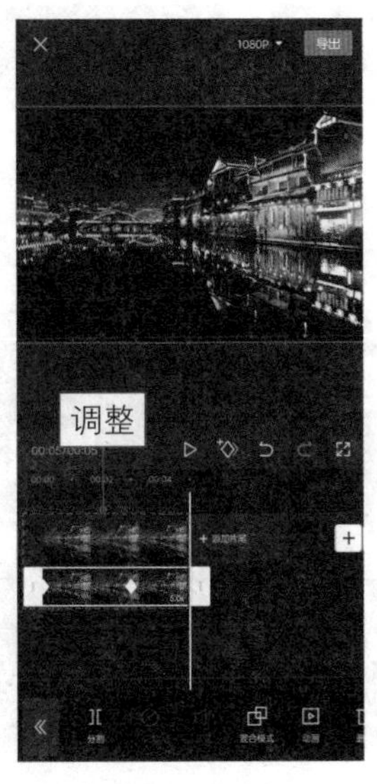

图 2–18　**调整视频时长**

图 2–19　**添加背景音乐**

017 青橙色调，冷暖色的强烈对比

扫码看效果

扫码看教程

【效果展示】：青橙色调是一种由青色和橙色组成的色调。可以看到，调色后的视频整体呈现青、橙两种颜色，一个冷色调，一个暖色调，色彩对比非常鲜明，效果如图 2-20 所示。

图 2-20　**青橙色调效果展示**

下面介绍使用剪映 App 调出青橙色调的具体操作方法。

步骤 01 在剪映App中导入一段素材，❶选择视频轨道；❷拖曳时间轴至需要做对比的位置；❸点击“分割”按钮，如图2-21所示。

步骤 02 点击转场按钮 ，如图2-22所示。

步骤 03 进入“转场”界面，❶在“基础转场”选项卡中选择“向右擦除”转场；❷拖曳白色圆环滑块，调整转场时长，如图 2-23 所示。

步骤 04 ❶返回并选择第 2 段视频轨道；❷点击“滤镜”按钮，

图 2-21　**点击“分割”按钮**

图 2-22　**点击转场按钮**

如图 2-24 所示。

图 2-23　**调整转场时长**

图 2-24　**点击“滤镜”按钮**

步骤 05 进入“滤镜”界面，❶切换至“复古”选项卡；❷选择“落叶棕”滤镜，如图2-25所示。

步骤 06 点击✓按钮返回，点击“调节”按钮，如图2-26所示。

图 2-25　**选择“落叶棕”滤镜**

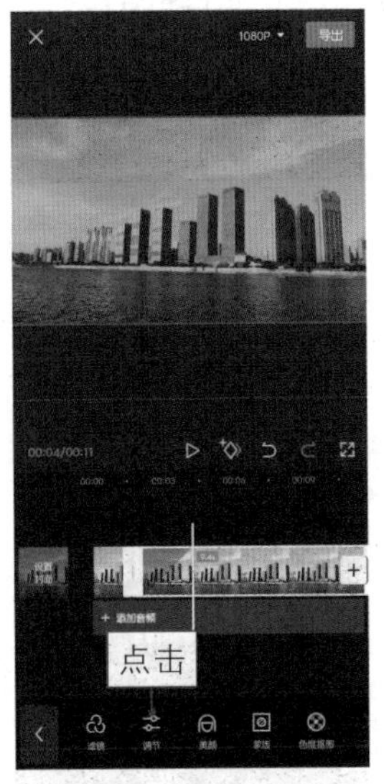

图 2-26　**点击“调节”按钮**

步骤 07 进入“调节”界面，❶选择“亮度”选项；❷拖曳滑块，将其参数调至-8，如图2-27所示。

步骤 08 ❶选择“饱和度”选项；❷拖曳滑块，将其参数调至34，如图2-28所示。

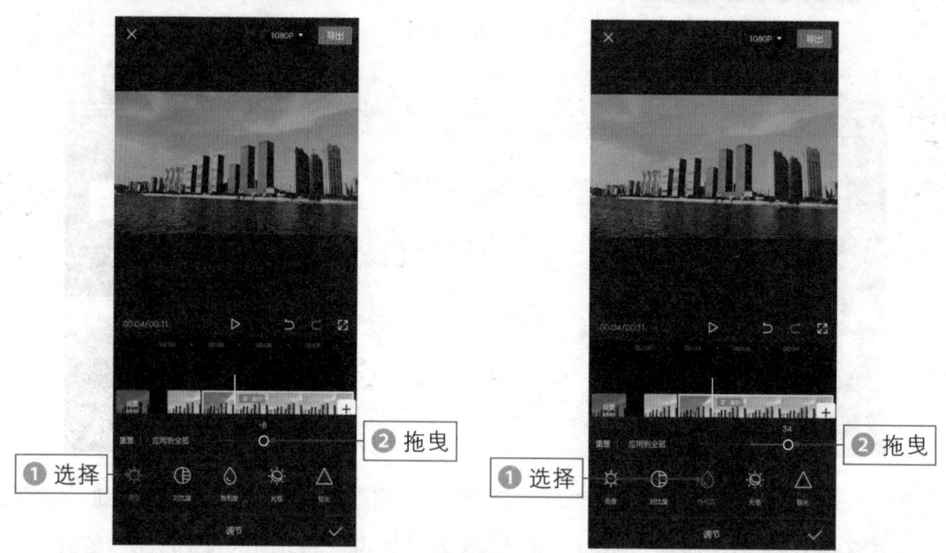

图 2-27 **调节“亮度”参数**

图 2-28 **调节“饱和度”参数**

步骤 09 ❶ 选择“光感”选项；❷ 拖曳滑块，将其参数调至 -5，如图 2-29 所示。

步骤 10 ❶ 选择“锐化”选项；❷ 拖曳滑块，将其参数调至 13，如图 2-30 所示。

图 2-29 **调节“光感”参数**

图 2-30 **调节“锐化”参数**

步骤11 ❶选择“高光”选项；❷拖曳滑块，将其参数调至-15，如图2-31所示。

步骤12 ❶选择“色温”选项；❷拖曳滑块，将其参数调至-20，如图2-32所示。

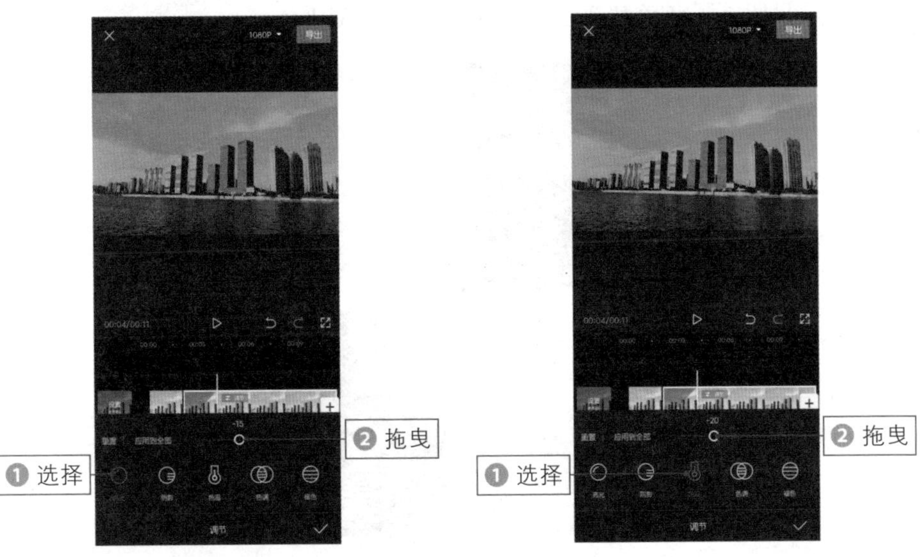

图 2-31　调节“高光”参数　　图 2-32　调节“色温”参数

步骤13 ❶选择“色调”选项；❷ 拖曳滑块，将其参数调至 26，如图 2-33 所示。

步骤14 返回并拖曳时间轴至起始位置，添加合适的背景音乐，如图 2-34 所示。

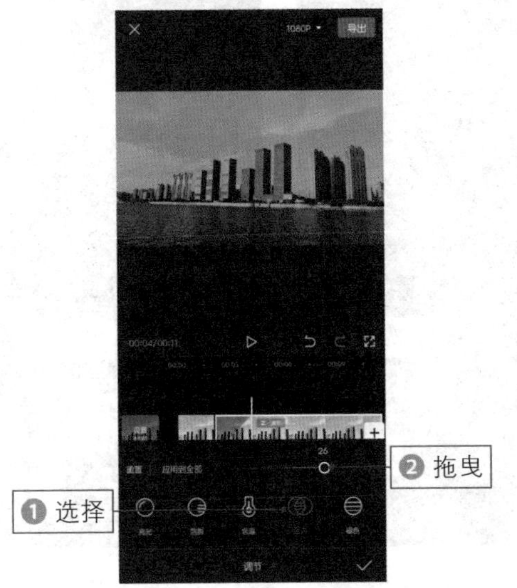

图 2-33　调节“色调”参数

图 2-34　添加背景音乐

018 赛博朋克，霓虹光感暖色点缀

扫码看效果

扫码看教程

【效果展示】：赛博朋克色调偏向于冷色调，其主要由蓝色和洋红色构成。可以看到，原本有许多色彩的霓虹灯经过调色后只留下了蓝色和洋红色，效果如图 2–35 所示。

图 2–35 **赛博朋克效果展示**

下面介绍使用剪映 App 调出赛博朋克色调的具体操作方法。

步骤 01 在剪映App中连续两次导入同一段素材，❶选择第2段视频轨道；❷点击“滤镜”按钮，如图2–36所示。

步骤 02 进入“滤镜”界面，❶切换至“风格化”选项卡；❷选择“赛博朋克”滤镜，如图 2–37 所示。

步骤 03 返回并点击“调节”按钮，进入“调节”界面，❶选择“亮度”选项；❷拖曳滑块，将其参数调至 10，如图 2–38 所示。

步骤 04 ❶选择“对比度”选项；❷拖曳滑块，将参数调至

图 2–36 **点击“滤镜”按钮**

图 2–37 **选择“赛博朋克”滤镜**

10，如图2-39所示。

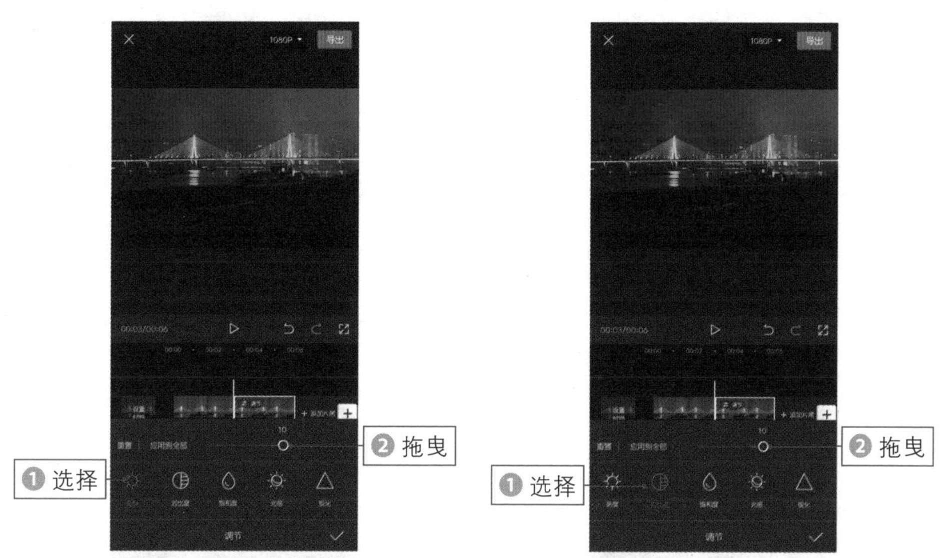

图 2-38　**调节“亮度”参数**　　图 2-39　**调节“对比度”参数**

步骤 05 ❶ 选择“饱和度”选项；❷ 拖曳滑块，将其参数调至 -15，如图 2-40 所示。

步骤 06 ❶ 选择“锐化”选项；❷ 拖曳滑块，将其参数调至 19，如图 2-41 所示。

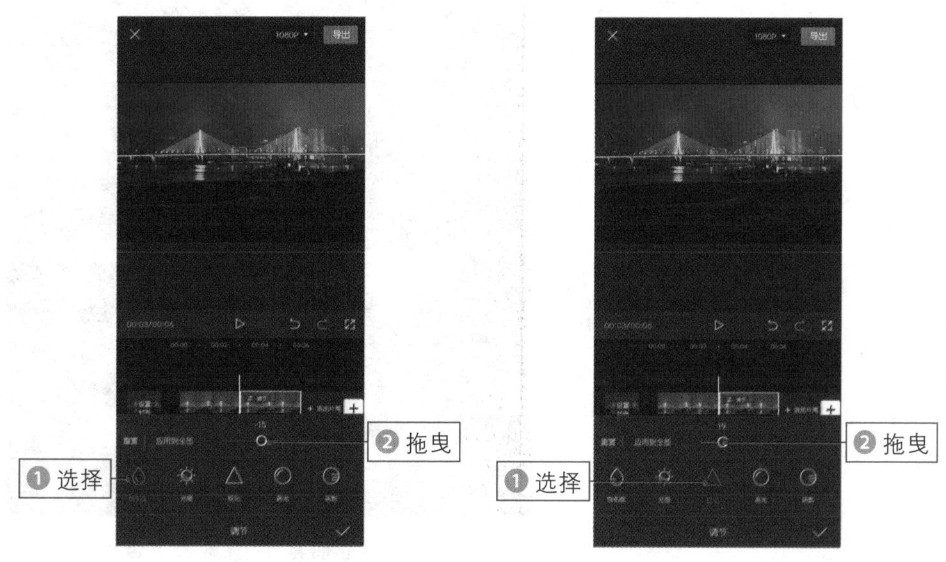

图 2-40　**调节“饱和度”参数**　　图 2-41　**调节“锐化”参数**

步骤 07 ❶选择“色温”选项；❷拖曳滑块，将其参数调至50，如图2-42

所示。

步骤 08 ❶选择“色调”选项；❷拖曳滑块，将其参数调至-13，如图2-43所示。

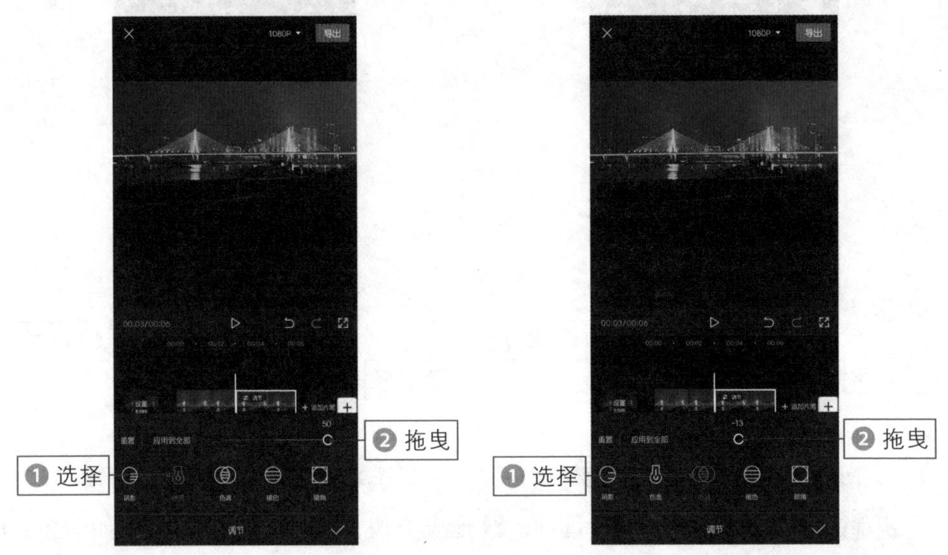

图 2-42　**调节“色温”参数**　　图 2-43　**调节“色调”参数**

步骤 09 返回并点击转场按钮，进入“转场”界面，❶选择“基础转场”选项卡中的“闪白”转场；❷拖曳滑块，调整转场时长，如图2-44所示。

步骤 10 返回并依次点击“音频”按钮和“音效”按钮，❶切换至“机械”选项卡；❷找到“拍照声 2”音效并点击“使用”按钮，如图 2-45 所示。最后调整音效的出现位置，并添加合适的背景音乐。

图 2-44　**调整转场时长**

图 2-45　**点击“使用”按钮**

019　蓝天白云，必备万能调色理论

扫码看效果

扫码看教程

【效果展示】：蓝天白云调色是一种必备的万能调色理论，可以在多种场景下使用该调色方法。可以看到，调色后的天空变成了蓝天白云，看起来非常纯洁干净，效果如图 2-46 所示。

图 2-46　**蓝天白云效果展示**

下面介绍使用剪映 App 把灰蒙蒙的天空调出蓝天白云效果的具体操作方法。

步骤 01　在剪映App中导入一段素材，❶选择视频轨道；❷点击工具栏中的"调节"按钮，如图2-47所示。

步骤 02　进入"调节"界面，❶选择"亮度"选项；❷拖曳滑块，将其参数调至 5，如图 2-48 所示。

步骤 03　❶选择"对比度"选项；❷拖曳滑块，将其参数调至18，如图2-49所示。

图 2-47　**点击"调节"按钮**

图 2-48　**调节"亮度"参数**

步骤 04 ❶选择“饱和度”选项；❷拖曳滑块，将其参数调至38，如图2–50所示。

图 2–49　**调节“对比度”参数**　　图 2–50　**调节“饱和度”参数**

步骤 05 ❶ 选择“光感”选项；❷ 拖曳滑块，将其参数调至 –9，如图 2–51 所示。

步骤 06 ❶ 选择“色温”选项；❷ 拖曳滑块，将其参数调至 –16，如图 2–52 所示。

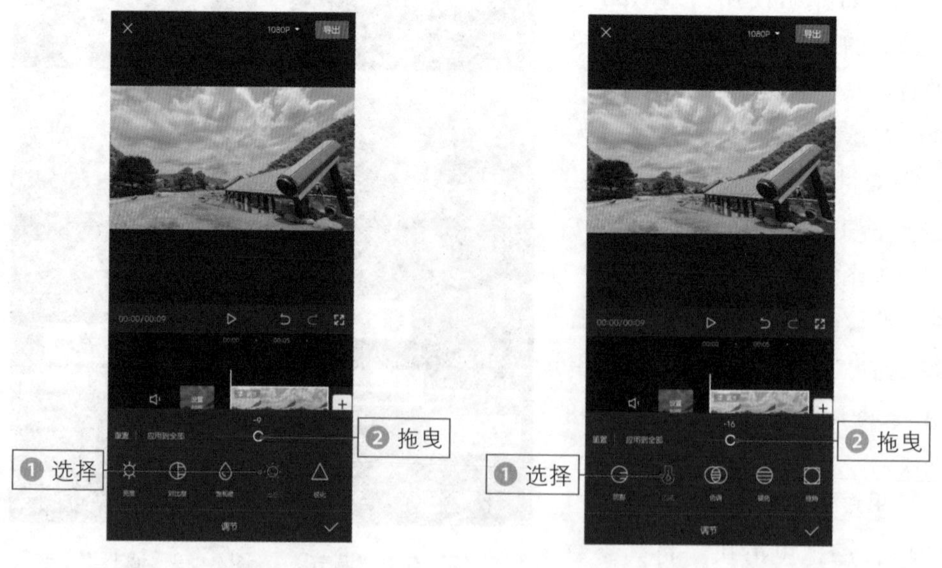

图 2–51　**调节“光感”参数**　　图 2–52　**调节“色温”参数**

020 鲜花色调，色彩浓郁氛围感强

扫码看效果

扫码看教程

【效果展示】：鲜花调色能够让原本暗淡的花朵变得娇艳欲滴。可以看到，调色后的画面色调整体偏暖色调，而且比原来的画面更加清晰透亮，效果如图 2–53 所示。

图 2–53　**鲜花色调效果展示**

下面介绍使用剪映 App 调出鲜花色调的具体操作方法。

步骤 01 在剪映 App 中导入需要调色的素材，❶ 选择视频轨道；❷ 拖曳其右侧的白色拉杆，将其时长设置为 6.0s，如图 2–54 所示。

步骤 02 ❶拖曳时间轴至2s位置；❷点击“分割”按钮，如图2–55所示。

步骤 03 点击转场按钮 I ，如图2–56所示。

步骤 04 ❶选择“基础转场”选项卡中的“向右擦除”转场；❷拖曳滑块，调整转场时长，如图2–57所示。

图 2–54　**设置视频时长**

图 2–55　**点击“分割”按钮**

图 2-56　**点击转场按钮**

图 2-57　**调整转场时长**

步骤 05　点击✓按钮返回，❶选择第2段视频轨道；❷点击“滤镜”按钮，如图2-58所示。

步骤 06　进入“滤镜”界面，❶选择“风景”选项卡中的“暮色”滤镜；❷拖曳滑块，将其参数调至50，如图2-59所示。

图 2-58　**点击“滤镜”按钮**　　图 2-59　**调整滤镜参数**

步骤 07　返回并进入“调节”界面，❶选择“亮度”选项；❷拖曳滑块，将其参数调至15，如图2-60所示。

步骤 08 ❶选择“对比度”选项；❷拖曳滑块，将其参数调至18，如图2-61所示。

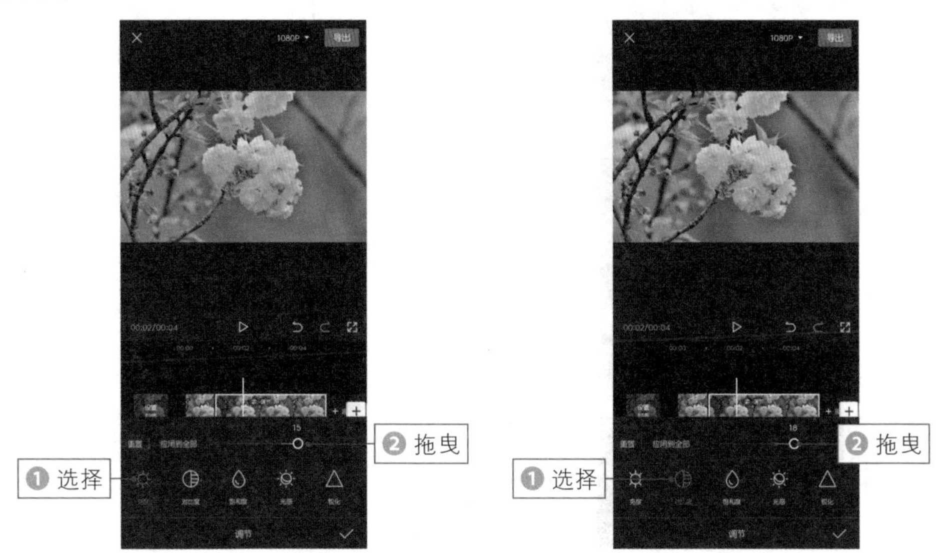

图 2-60　**调节“亮度”参数**　　图 2-61　**调节“对比度”参数**

步骤 09 ❶选择“饱和度”选项；❷拖曳滑块，将其参数调至12，如图2-62所示。

步骤 10 ❶ 选择“锐化”选项；❷ 拖曳滑块，将其参数调至 31，如图 2-63所示。

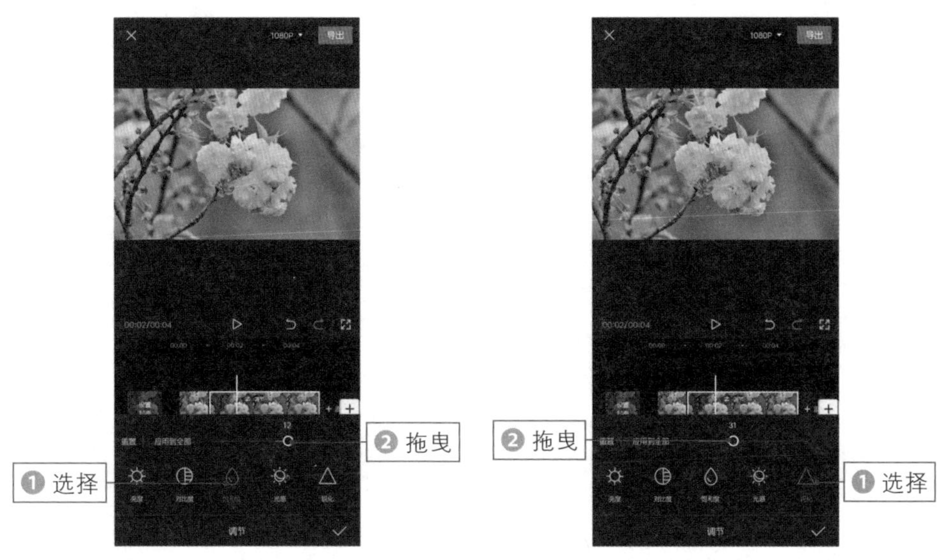

图 2-62　**调节“饱和度”参数**　　图 2-63　**调节“锐化”参数**

步骤 11 ❶ 选择"高光"选项；❷ 拖曳滑块，将其参数调至 14，如图 2-64 所示。

步骤 12 ❶ 选择"阴影"选项；❷ 拖曳滑块，将其参数调至 15，如图 2-65 所示。

图 2-64 **调节"高光"参数**　　图 2-65 **调节"阴影"参数**

步骤 13 ❶选择"色温"选项；❷拖曳滑块，将其参数调至-16，如图2-66所示。

步骤 14 ❶选择"色调"选项；❷拖曳滑块，将其参数调至17，如图2-67所示。返回添加合适的背景音乐。

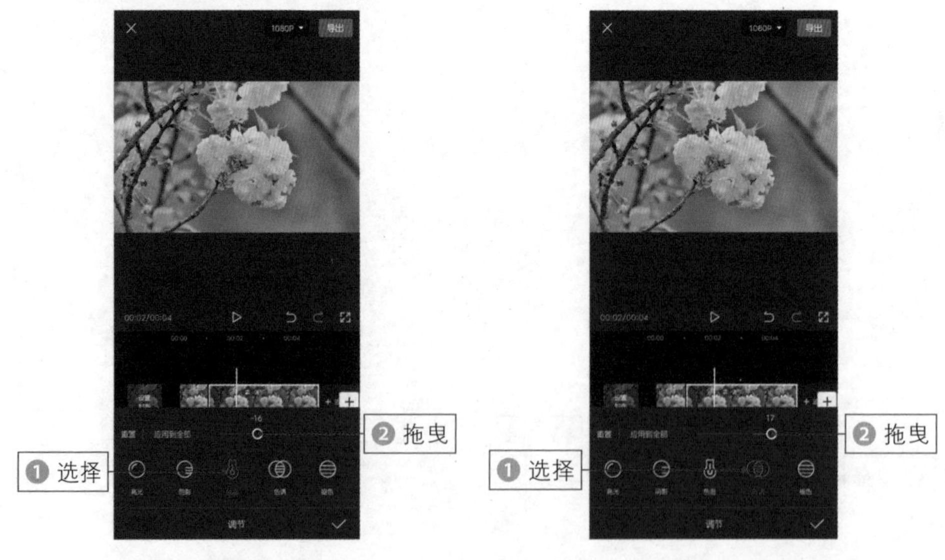

图 2-66 **调节"色温"参数**　　图 2-67 **调节"色调"参数**

021 雪景调色，洁白清透纯净之感

扫码看效果

扫码看教程

【效果展示】：雪景调色是对灰蒙蒙的雪景进行调色的一种方法，经过调节后，雪景给人一种清透纯净的感觉，效果如图 2-68 所示。

图 2-68　**雪景调色效果展示**

下面介绍使用剪映 App 对雪景进行调色的具体操作方法。

步骤 01 在剪映 App 中导入需要调色的素材，❶ 选择视频轨道；❷ 点击“调节”按钮，如图 2-69 所示。

步骤 02 进入“调节”界面，❶ 选择“亮度”选项；❷ 拖曳滑块，将其参数调至 9，如图 2-70 所示。

步骤 03 ❶选择“对比度”选项；❷拖曳滑块，将其参数调至 20，如图2-71所示。

步骤 04 ❶选择“饱和度”选项；❷拖曳滑块，将其参数调至 15，如图2-72所示。

图 2-69　**点击“调节”按钮**

图 2-70　**调节“亮度”参数**

图 2–71　**调节“对比度”参数**　　图 2–72　**调节“饱和度”参数**

步骤 05 ❶选择“锐化”选项；❷拖曳滑块，将其参数调至14，如图2–73所示。

步骤 06 ❶选择“色温”选项；❷拖曳滑块，将其参数调至–35，如图2–74所示。

图 2–73　**调节“锐化”参数**　　图 2–74　**调节“色温”参数**

步骤 07 返回并再次导入原素材，点击转场按钮▯，如图2–75所示。

步骤 08 ❶ 在“基础转场”选项卡中选择“眨眼”转场；❷ 拖曳滑块，调整转场时长，如图 2-76 所示。最后添加合适的背景音乐。

图 2-75　**点击转场按钮**

图 2-76　**调整转场时长**

022　人物调色，肤白貌美小清新感

扫码看效果

扫码看教程

【效果展示】：人物调色，顾名思义就是对人物的一种调色方法。经过调节后，人物整体呈现出提亮效果，给人一种小清新的感觉，效果如图 2-77 所示。

图 2-77　**人物调色效果展示**

步骤 01 在剪映App中连续两次导入需要调色的人物素材，❶选择第2段视频轨道；❷点击“滤镜”按钮，如图2-78所示。

步骤 02 进入“滤镜”界面，❶切换至“清新”选项卡；❷选择“淡奶油”滤镜；❸拖曳滑块，调整滤镜应用程度参数，如图2-79所示。

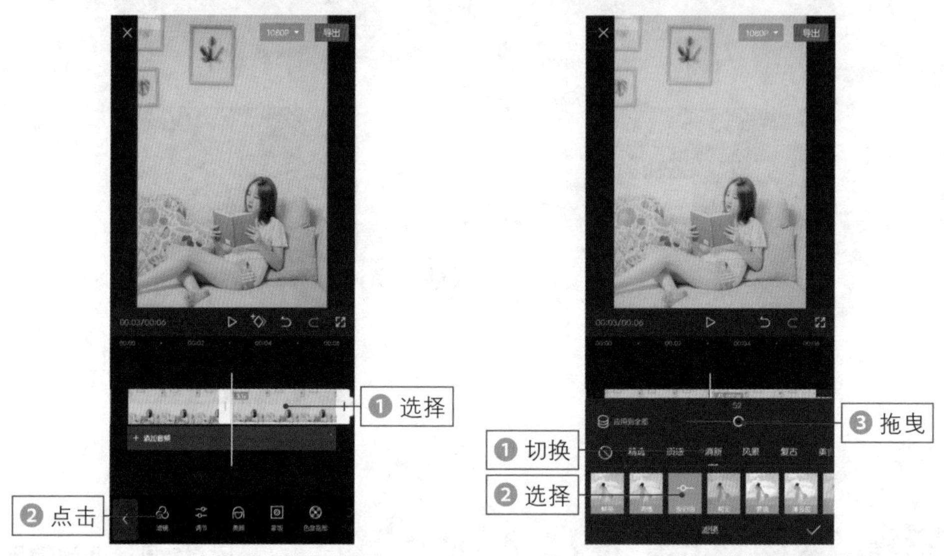

图 2-78　**点击“滤镜”按钮**　　图 2-79　**调整滤镜应用程度参数**

步骤 03 返回并点击“调节”按钮，如图2-80所示。

步骤 04 进入“调节”界面，❶选择“亮度”选项；❷拖曳滑块，将其参数调至-15，如图2-81所示。

图 2-80　**点击“调节”按钮**

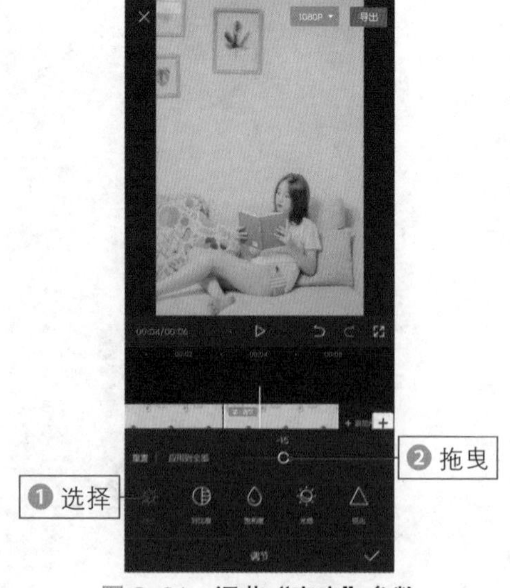

图 2-81　**调节“亮度”参数**

步骤 05 ❶ 选择“对比度”选项；❷ 拖曳滑块，将参数调至 27，如图 2-82 所示。

步骤 06 ❶ 选择“饱和度”选项；❷ 拖曳滑块，将参数调至 13，如图 2-83 所示。

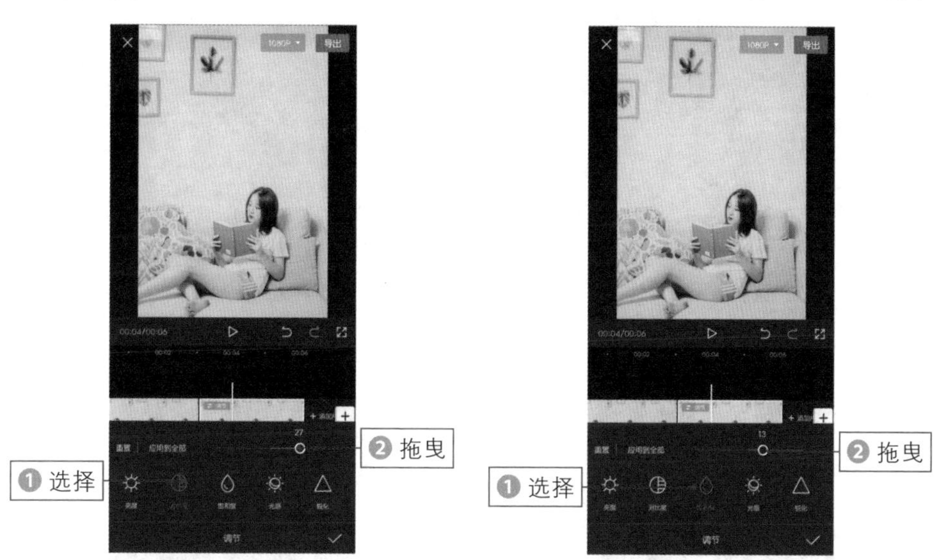

图 2-82　**调节“对比度”参数**　　图 2-83　**调节“饱和度”参数**

步骤 07 ❶ 选择“锐化”选项；❷ 拖曳滑块，将其参数调至 41，如图 2-84 所示。

步骤 08 ❶选择“色温”选项；❷拖曳滑块，将其参数调至-19，如图2-85 所示。

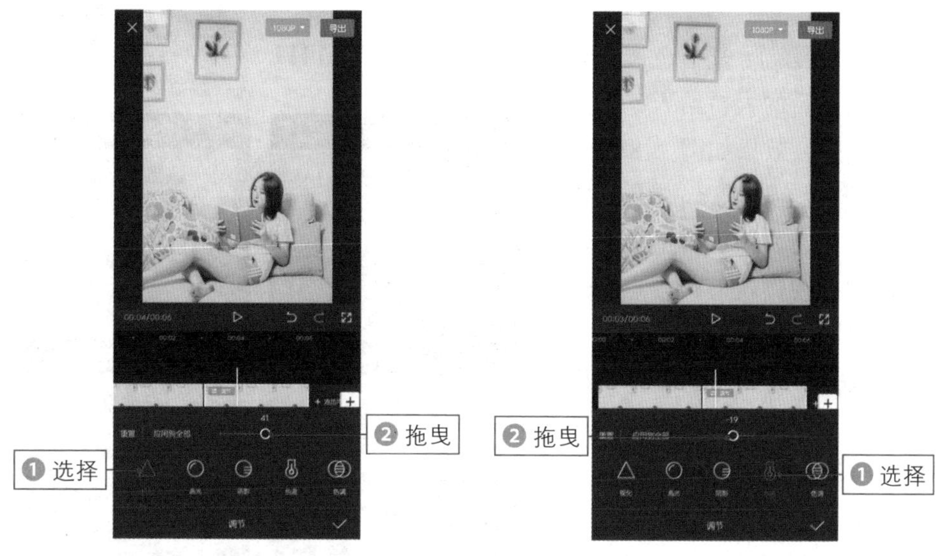

图 2-84　**调节“锐化”参数**　　图 2-85　**调节“色温”参数**

步骤 09 返回并点击转场按钮 ，如图2-86所示。

步骤 10 ❶在“基础转场”选项卡中选择“向下擦除”转场；❷拖曳滑块，调整转场时长，如图2-87所示。最后添加合适的背景音乐。

图 2-86　**点击转场按钮**

图 2-87　**调整转场时长**

023 复古色调，港风陈旧的年代感

扫码看效果　扫码看教程

【效果展示】：复古色调主要是将画面调“旧”。可以看到，调色后的大桥给人一种陈旧感、年代感，效果如图 2-88 所示。

步骤 01 在剪映App中导入需要调色的素材，并添加合适的背景音乐，❶选择视频轨道；❷点击“滤镜”按钮，如图2-89所示。

步骤 02 进入“滤镜”界面，❶切换至“复古”选项卡；❷选择“港风”滤镜，如图2-90所示。

图 2-88　**复古色调效果展示**

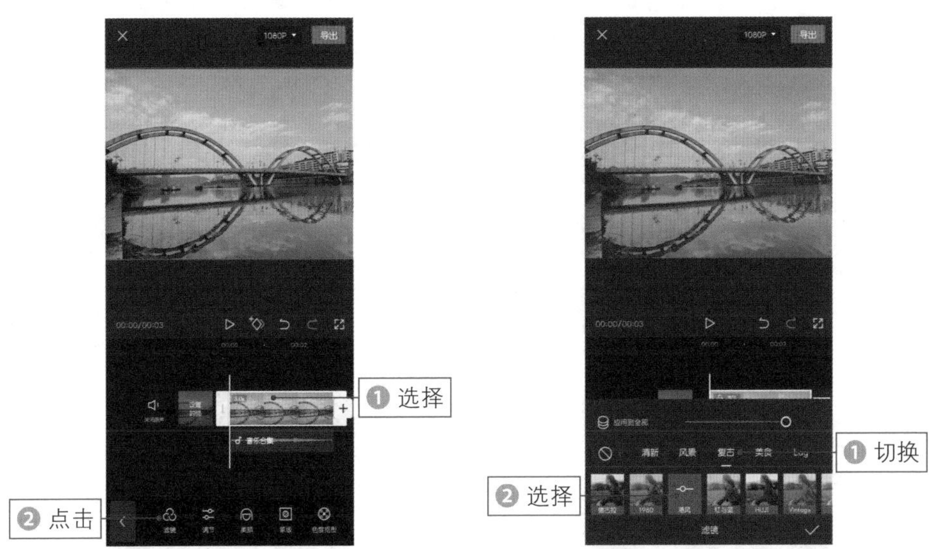

图 2-89　**点击“滤镜”按钮**　　　　图 2-90　**选择“港风”滤镜**

步骤 03　返回并点击“调节”按钮，进入“调节”界面，❶选择“亮度”选项；❷拖曳滑块，将其参数调至-17，如图2-91所示。

步骤 04　❶选择“对比度”选项；❷拖曳滑块，将其参数调至-32，如图2-92所示。

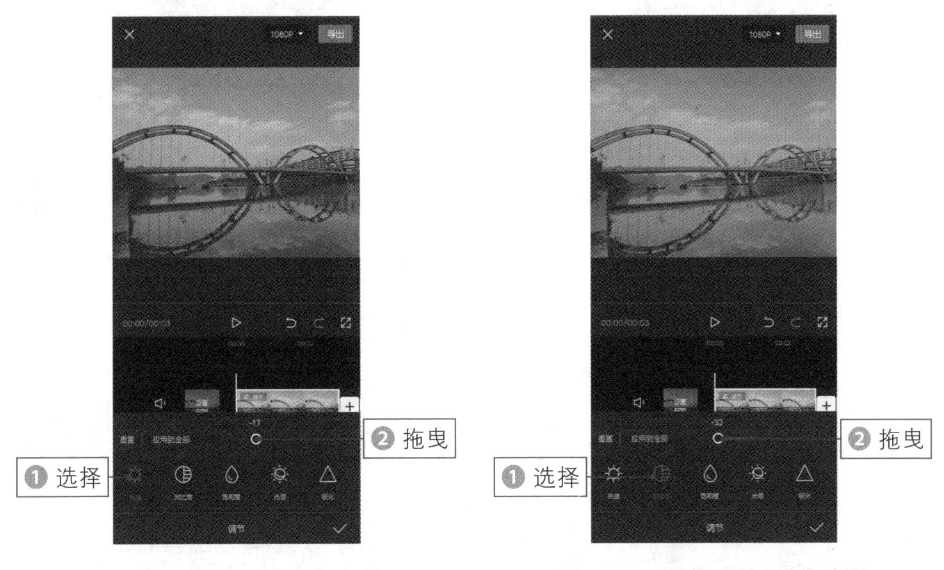

图 2-91　**调节“亮度”参数**　　　　图 2-92　**调节“对比度”参数**

步骤 05　❶选择“饱和度”选项；❷拖曳滑块，将参数调至-30，如图2-93所示。

步骤 06 ❶选择“锐化”选项；❷拖曳滑块，将参数调至31，如图2-94所示。

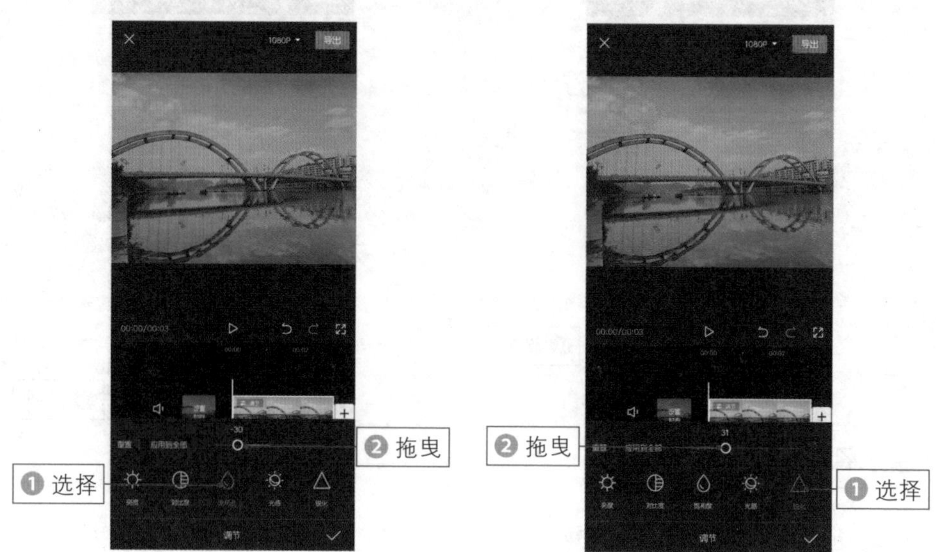

图 2-93　调节“饱和度”参数

图 2-94　调节“锐化”参数

步骤 07 ❶ 选择“高光”选项；❷ 拖曳滑块，将其参数调至 40，如图 2-95 所示。

步骤 08 ❶ 选择“色温”选项；❷ 拖曳滑块，将其参数调至 50，如图 2-96 所示。

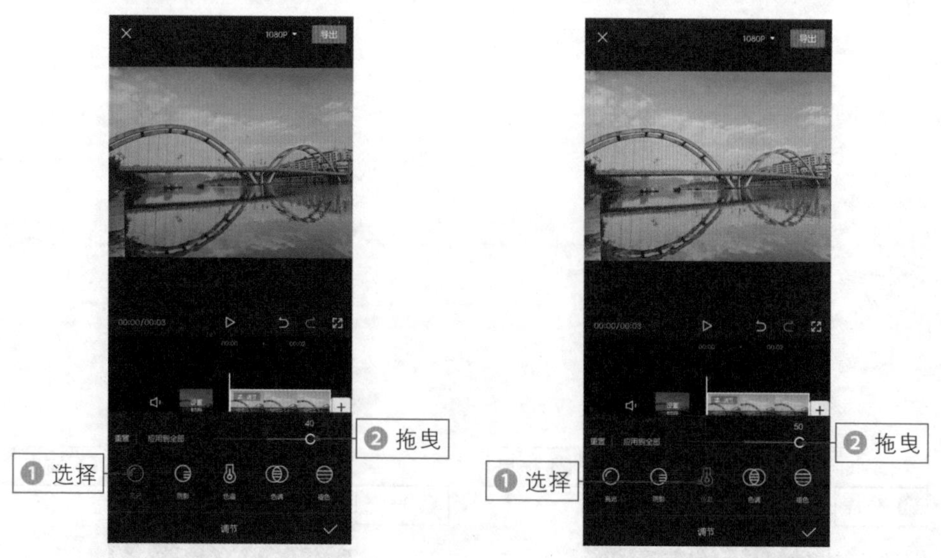

图 2-95　调节“高光”参数

图 2-96　调节“色温”参数

步骤 09 ❶ 选择“色调”选项；❷ 拖曳滑块，将参数调至 30，如图 2-97 所示。

步骤 10 ❶ 选择“褪色”选项；❷ 拖曳滑块，将参数调至 47，如图 2-98 所示。

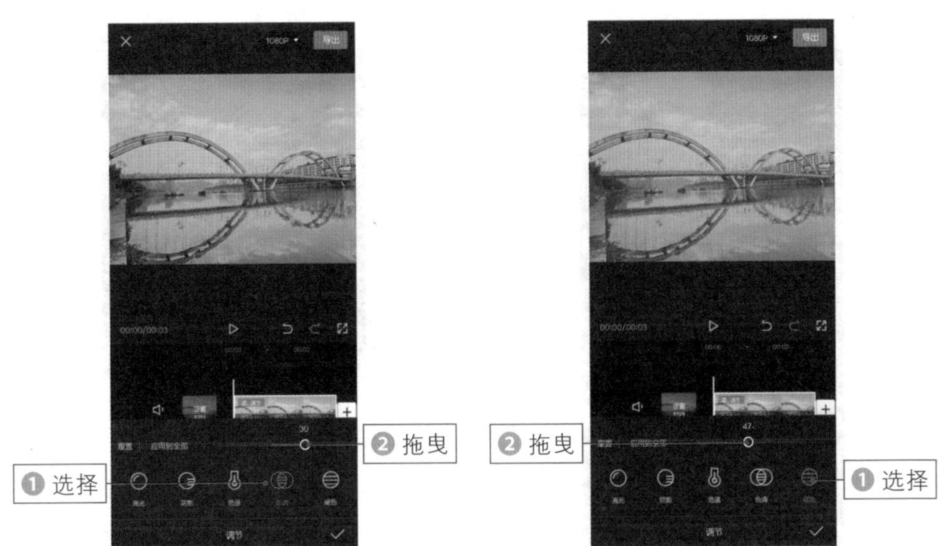

图 2-97　**调节“色调”参数**　　图 2-98　**调节“褪色”参数**

步骤 11 返回并点击“比例”按钮，选择9：16选择，如图2-99所示。

步骤 12 返回并点击“画中画”按钮，❶再次导入调色前的素材；❷在预览区域适当调整两段视频画面的位置，如图2-100所示。

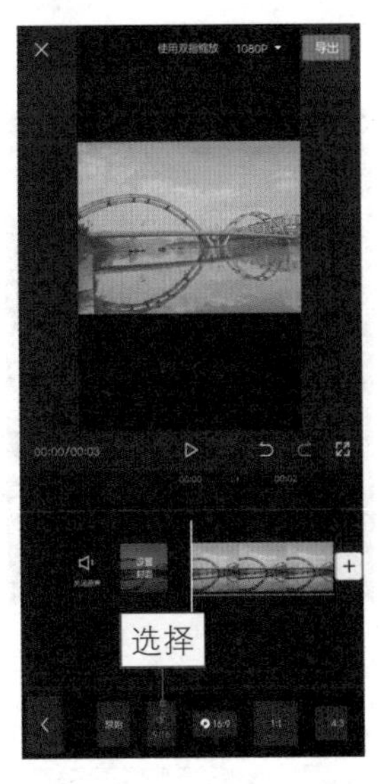

图 2-99　**选择 9：16 选项**

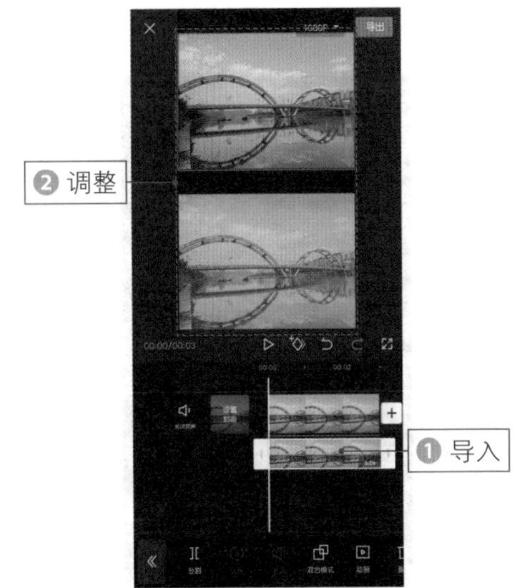

图 2-100　**调整画面位置**

步骤 13 返回并依次点击“文字”按钮和“新建文本”按钮，如图 2-101 所示。

步骤 14 ❶在文本框中输入相应的文字内容；❷在预览区域调整文字的位置和大小，如图2-102所示。

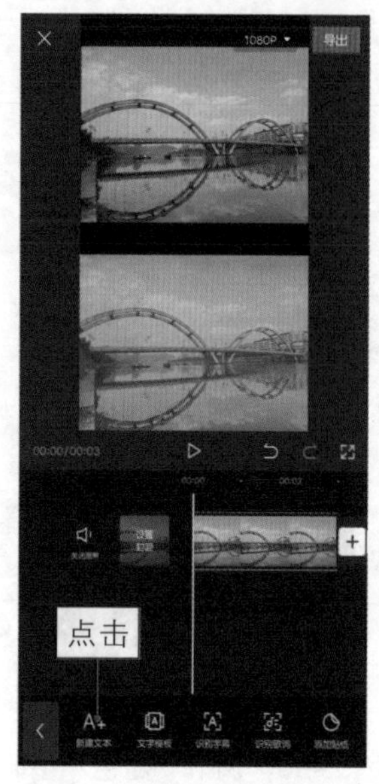

图 2-101　**点击"新建文本"按钮**

图 2-102　**调整文字位置和大小**

步骤 15 返回并点击"复制"按钮，如图2-103所示。

步骤 16 执行操作后，❶修改文本框中的文字内容；❷调整文字的位置，如图2-104所示。

图 2-103　**点击"复制"按钮**

图 2-104　**调整文字位置**

024 日落色调，唯美浪漫的粉紫色

扫码看效果

扫码看教程

【效果展示】：日落色调是一种偏粉紫色的色调，用来调节夕阳短视频，效果非常漂亮，给人一种唯美浪漫的感觉，如图 2-105 所示。

图 2-105　**日落色调效果展示**

下面介绍使用剪映 App 调出日落色调的具体操作方法。

步骤 01 在剪映App中导入需要调色的日落素材，❶选择视频轨道；❷点击“滤镜”按钮，如图2-106所示。

步骤 02 进入“滤镜”界面，❶ 选择“风景”选项卡中的“暮色”滤镜；❷ 拖曳滑块，调整滤镜应用程度参数，如图 2-107 所示。

步骤 03 返回并点击“调节”按钮，进入“调节”界面，❶ 选择“亮度”选项；❷ 拖曳滑块，将其参数调至 15，如图 2-108 所示。

图 2-106　**点击“滤镜”按钮**

图 2-107　**调整滤镜应用程度参数**

步骤 04 ❶ 选择“对比度”选项；❷ 拖曳滑块，将其参数调至 5，如图 2-109 所示。

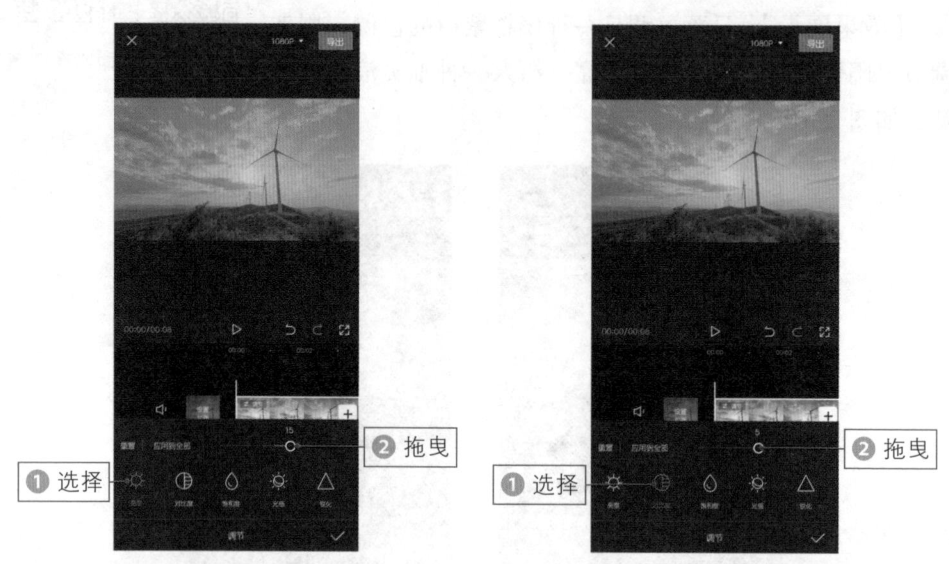

图 2-108 调节“亮度”参数　　图 2-109 调节“对比度”参数

步骤 05 ❶ 选择“饱和度”选项；❷ 拖曳滑块，将其参数调至 24，如图 2-110 所示。

步骤 06 ❶ 选择“锐化”选项；❷ 拖曳滑块，将其参数调至 50，如图 2-111 所示。

图 2-110 调节“饱和度”参数　　图 2-111 调节“锐化”参数

步骤 07 ❶选择“高光”选项；❷拖曳滑块，将其参数调至 25，如图 2-112 所示。

步骤 08 ❶选择“色温”选项；❷拖曳滑块，将其参数调至 -15，如图 2-113 所示。

图 2-112　**调节“高光”参数**　　图 2-113　**调节“色温”参数**

步骤 09 ❶选择“色调”选项；❷拖曳滑块，将其参数调至33，如图2-114所示。

步骤 10 返回并依次点击“画中画”按钮和“新增画中画”按钮，导入未调色前的素材，在预览区域放大视频画面，使其占满屏幕，如图2-115所示。

图 2-114　**调节“色调”参数**

图 2-115　**放大视频画面**

步骤 11 使用第23节的操作方法，制作调色对比效果，如图2–116所示。

步骤 12 返回并点击“特效”按钮，如图2–117所示。

图 2–116　**制作调色对比效果**

图 2–117　**点击“特效”按钮**

步骤 13 ❶切换至“纹理”选项卡；❷选择“磨砂纹理”特效，如图2–118所示。

步骤 14 返回并拖曳特效轨道右侧的白色拉杆，调整特效时长，使其与视频时长一致，如图2–119所示。

图 2–118　**选择“磨砂纹理”特效**

图 2–119　**调整特效时长**

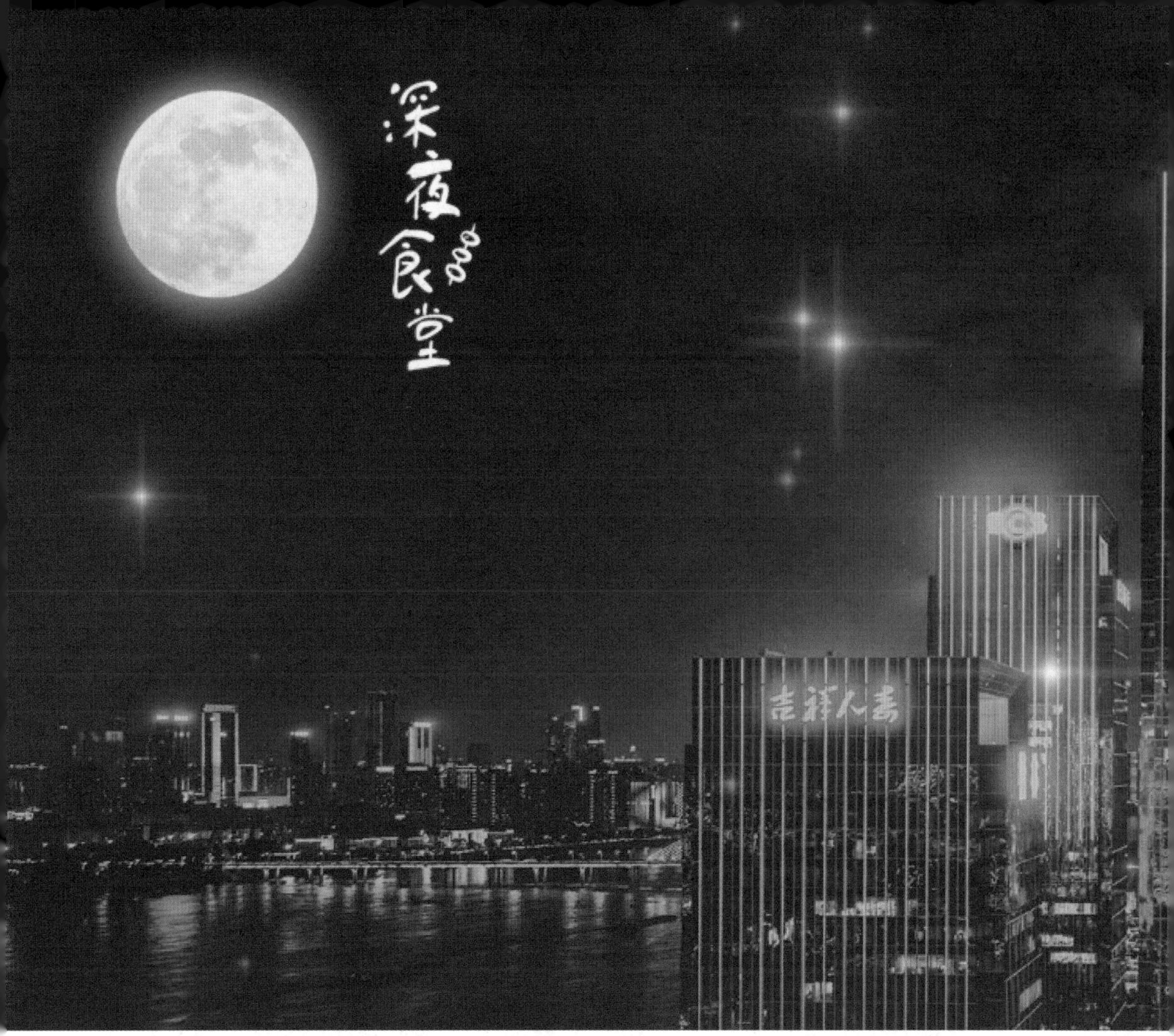

第 3 章

9 种特效效果：成就后期高手之路

本章要点

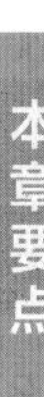

在短视频平台上，经常可以刷到很多特效画面，既炫酷又神奇，非常受大众的喜爱，轻轻松松就能收获百万点赞。本章将介绍颜色渐变、仙女变身、平行世界、抠图转场、镜像转场、超级月亮及雪花纷飞等 9 种特效的制作技巧，帮助读者也能收获百万点赞。

025 颜色渐变，让树叶快速变色

扫码看效果 扫码看教程

【效果展示】：运用剪映 App 也能轻松制作火爆全网的树叶颜色渐变短视频，效果如图 3–1 所示。可以看到原本绿色的树木慢慢全部变成了棕褐色。

图 3–1 颜色渐变效果展示

下面介绍使用剪映 App 制作树叶颜色渐变短视频的具体操作方法。

步骤 01 在剪映App中导入一段素材，❶拖曳时间轴至开始变色的位置；❷选择视频轨道；❸点击关键帧按钮，添加一个关键帧，如图3–2所示。

步骤 02 ❶ 拖曳时间轴至渐变结束的位置；❷ 点击按钮，再添加一个关键帧，如图 3–3 所示。

步骤 03 点击下方工具栏中的“滤镜”按钮，在“滤镜”界面的“风景”选项卡中选择“远途”滤镜效果，如图 3–4 所示。

步骤 04 点击按钮返回，点击下方工具栏中的“调节”按钮，❶在“调节”界面中选择

图 3–2 添加关键帧 1

图 3–3 添加关键帧 2

"亮度"选项；❷拖曳白色圆环滑块，将其参数设置为-25，如图3-5所示。

图 3-4　**选择"远途"滤镜效果**

图 3-5　**设置"亮度"参数**

步骤 05 ❶ 选择"饱和度"选项；❷ 拖曳白色圆环滑块，将其参数设置为 -43，如图 3-6 所示。

步骤 06 ❶选择"锐化"选项；❷拖曳白色圆环滑块，将其参数设置为39，如图3-7所示。

图 3-6　**设置"饱和度"参数**

图 3-7　**设置"锐化"参数**

步骤 07 ❶选择"色温"选项；❷拖曳白色圆环滑块，将其参数设置为50，如图3-8所示。

步骤 08 点击✓按钮添加调节效果，拖曳时间轴至第一个关键帧的位置，点击“滤镜”按钮，拖曳滤镜界面上方的白色圆环滑块，将其参数设置为0，如图3-9所示。

图 3-8 设置对齐方式

图 3-9 设置“滤镜”参数

026 仙女变身，惊艳的潮漫效果

扫码看效果

扫码看教程

【效果展示】：剪映App中有一个“仙女变身”特效，可以用来制作变身短视频，效果如图3-10所示。可以看到原本真实的人物慢慢变成了潮漫人物。

图 3-10 仙女变身效果展示

下面介绍使用剪映 App 制作仙女变身短视频的操作方法。

步骤 01 在剪映App中导入一张照片素材，并添加合适的背景音乐，将其时长设置为3.6s，如图3–11所示。

步骤 02 返回并点击“比例”按钮，选择9:16选项，如图3–12所示。

图 3–11　**设置时长 1**

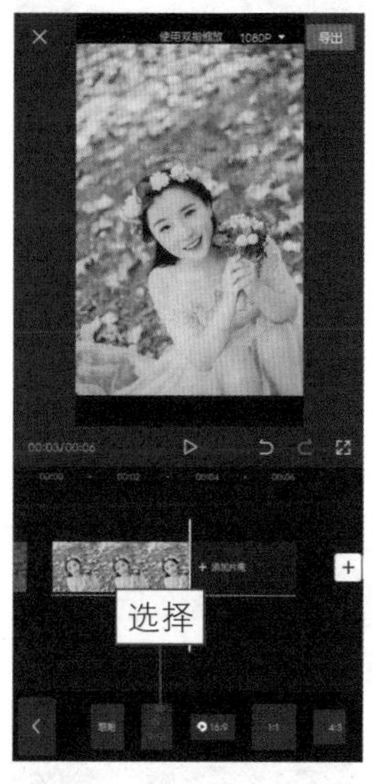

图 3–12　**选择 9 : 16 选项**

步骤 03 点击✓按钮返回，依次点击“背景”按钮和“画布模糊”按钮，选择第2个模糊效果，如图3–13所示。

步骤 04 点击✓按钮添加模糊效果，点击+按钮，❶ 再次导入照片素材；❷ 将其时长设置为 4.5s，如图 3–14 所示。

步骤 05 点击工具栏中的“漫画”按钮，如图 3–15 所示。

步骤 06 进入“玩法”界面，选择“潮漫”选项，如图 3–16 所示。

图 3–13　**选择模糊效果**

图 3–14　**设置时长 2**

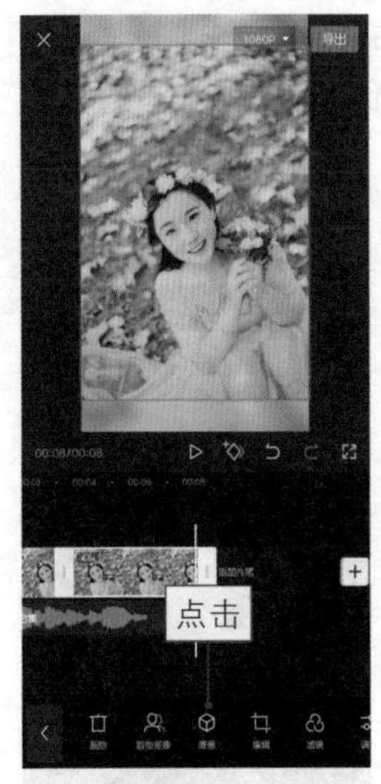

图 3-15　**点击"漫画"按钮**

图 3-16　**选择"潮漫"选项**

步骤 07 执行操作后，显示生成漫画效果的进度，如图3-17所示。

步骤 08 生成漫画效果后，点击两段视频中间的转场按钮，如图 3-18 所示。

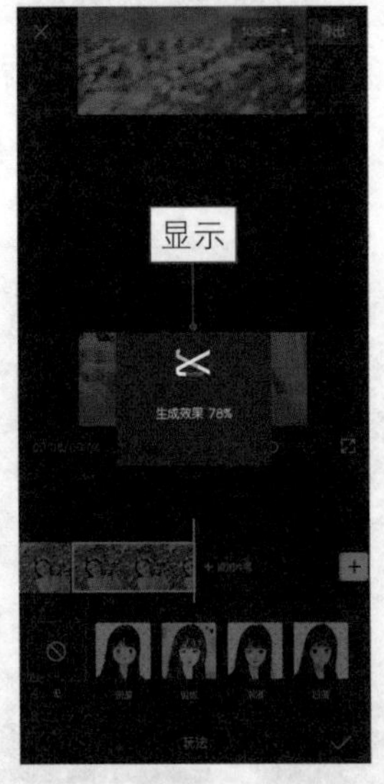

图 3-17　**显示漫画生成进度**

图 3-18　**点击相应按钮**

步骤 09 ❶切换至"幻灯片"选项卡；❷选择"回忆"转场；❸拖曳"转场时长"选项的滑块，调整转场时长，将其拉至最大值，如图3-19所示。

步骤 10 点击✓按钮返回，❶拖曳时间轴至起始位置；❷点击"特效"按钮，如图3-20所示。

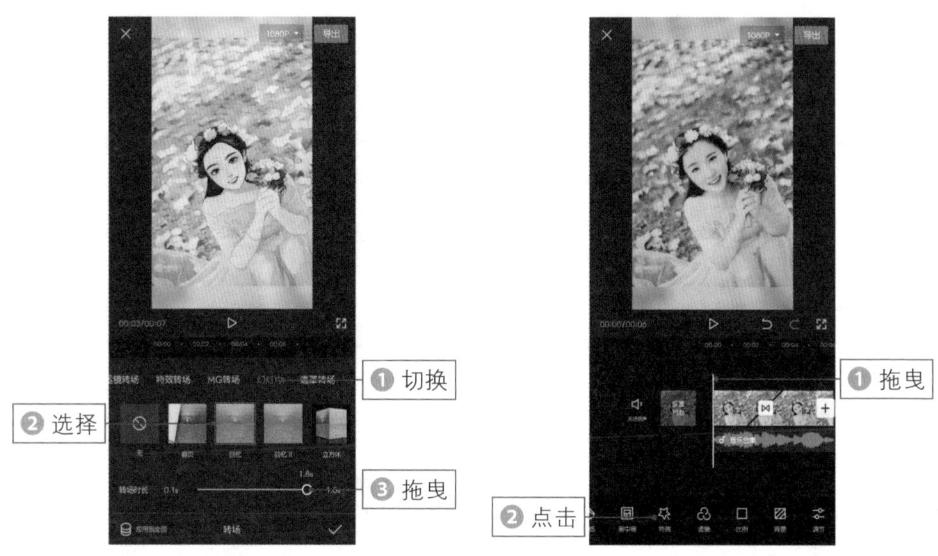

图 3-19　**调整转场时长**　　　图 3-20　**点击“特效”按钮**

步骤 11 在“基础”选项卡中选择“变清晰”特效，如图3-21所示。

步骤 12 点击✓按钮添加特效，❶将特效轨道右侧的白色拉杆拖曳至转场的起始位置；❷点击“作用对象”按钮，如图3-22所示。

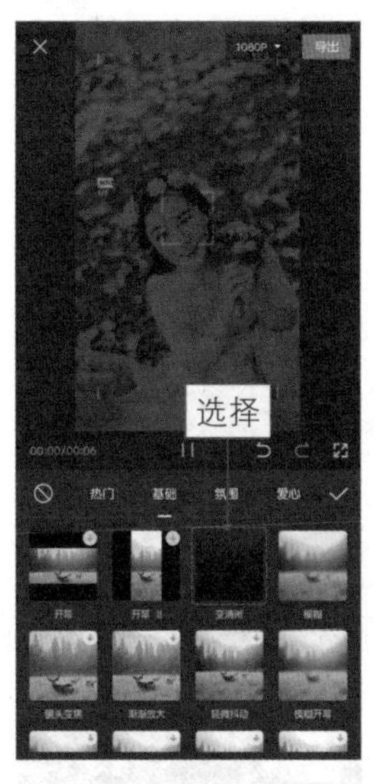

图 3-21　**选择“变清晰”特效**

图 3-22　**点击“作用对象”按钮**

步骤 13 进入“作用对象”界面，点击“全局”按钮，如图3-23所示。

步骤 14 点击✓按钮返回，点击“新增特效”按钮，在“氛围”选项卡中选择“仙女变身”特效，如图3-24所示。

图 3–23　**点击"全局"按钮**

图 3–24　**选择"仙女变身"特效**

步骤 15　点击✓按钮添加特效，❶长按第2段特效轨道，并将其拖曳至起始位置；❷向左拖曳右侧的白色拉杆，使其时长与第1段特效时长保持一致；❸点击"作用对象"按钮，如图3–25所示。

步骤 16　点击"全局"按钮，❶返回并拖曳时间轴至转场的结束位置；❷点击"新增特效"按钮，如图3–26所示。

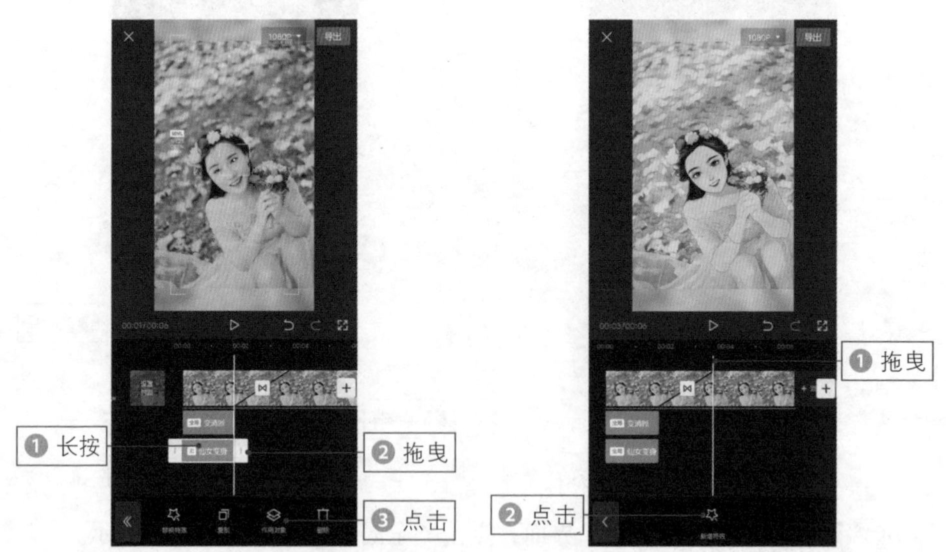

图 3–25　**点击"作用对象"按钮**　　图 3–26　**点击"新增特效"按钮**

步骤 17　采用同样的操作方法，再添加一段"氛围"选项卡中的"金粉"特效和一段“动感”选项卡中的“波纹色差”特效，如图3-27所示。

步骤 18 点击〈按钮返回，点击“贴纸”按钮，如图3-28所示。

图 3-27　**添加特效**

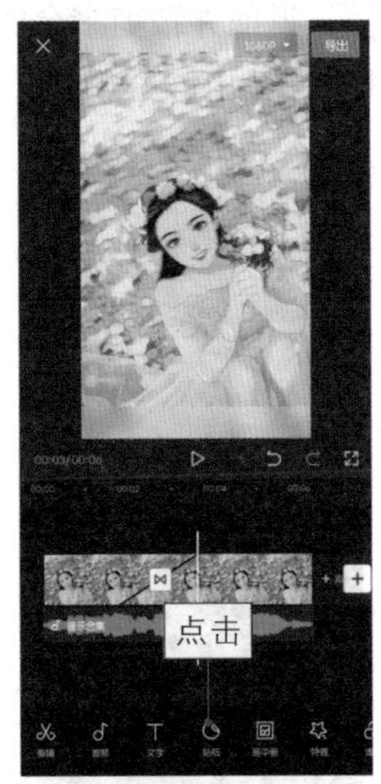

图 3-28　**点击“贴纸”按钮**

步骤 19 ❶选择一个合适的贴纸效果；❷在预览区域调整其位置和大小，如图3-29所示。

步骤 20 点击✓按钮添加贴纸效果，❶拖曳贴纸轨道右侧的白色拉杆，调整贴纸的持续时长；❷点击“动画”按钮，如图3-30所示。

图 3-29　**调整贴纸位置和大小**

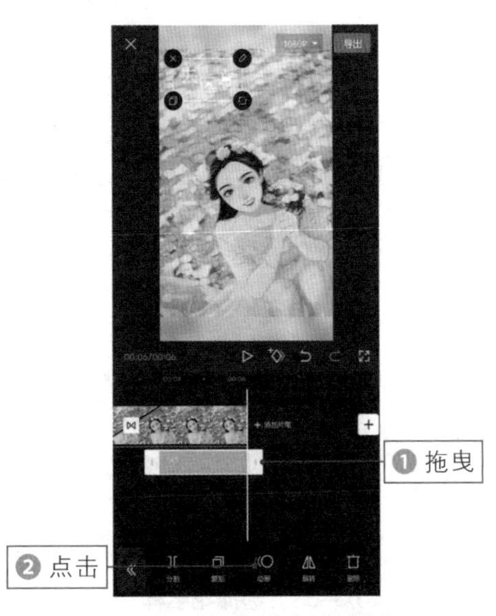

图 3-30　**点击“动画”按钮**

步骤 21 进入“贴纸动画”界面，❶选择“入场动画”选项卡中的“缩小”动画效果；❷拖曳蓝色的右箭头滑块，调整入场动画时长，如图3–31所示。

步骤 22 返回并裁剪多余的音频，点击“文字”按钮，添加相应的字幕，并设置字体样式，如图3–32所示。

图 3–31 **调整入场动画时长 1**

图 3–32 **设置字体样式**

步骤 23 切换至“花字”选项卡，选择一个彩虹花字样式，如图3–33所示。

步骤 24 切换至“动画”选项卡，❶ 选择“入场动画”选项卡中的“爱心弹跳”动画效果；❷ 拖曳蓝色的右箭头滑块，调整入场动画时长，如图 3–34 所示。

图 3–33 **选择花字样式**

图 3–34 **调整入场动画时长 2**

步骤 25 切换至“出场动画”选项卡，❶选择“溶解”动画效果；❷拖曳红色的左箭头滑块，调整出场动画时长，如图3-35所示。

步骤 26 采用同样的操作方法，设置其余文字字幕的动画，如图3-36所示。

图 3-35　调整出场动画时长

图 3-36　设置字幕动画

027 平行世界，打造科幻的效果

扫码看效果

扫码看教程

【效果展示】：平行世界是短视频中非常火爆的一类短视频，效果如图 3-37 所示。可以看到城市的上空是倒过来的城市，给人一种科幻感。

图 3-37　平行世界效果展示

下面介绍使用剪映 App 制作平行世界短视频的具体操作方法。

步骤 01 在剪映App中导入一段视频素材，❶选择视频轨道；❷依次点击“编辑”按钮和“裁剪”按钮，如图3-38所示。

步骤 02 进入“裁剪”界面，对视频画面进行适当裁剪，如图3-39所示。

图 3-38 **点击“裁剪”按钮**

图 3-39 **适当裁剪画面**

步骤 03 点击✓按钮返回，点击工具栏中的“复制”按钮，如图3-40所示。

步骤 04 点击<按钮返回，点击“画中画”按钮，❶选择复制的视频轨道；❷点击“切画中画”按钮，如图3-41所示。

步骤 05 执行操作后，长按并拖曳画中画轨道至起始位置，❶选择画中画轨道；❷点击“编辑”按钮，如图3-42所示。

步骤 06 进入“编辑”界面，连续两次点击“旋转”按钮，如图 3-43 所示。

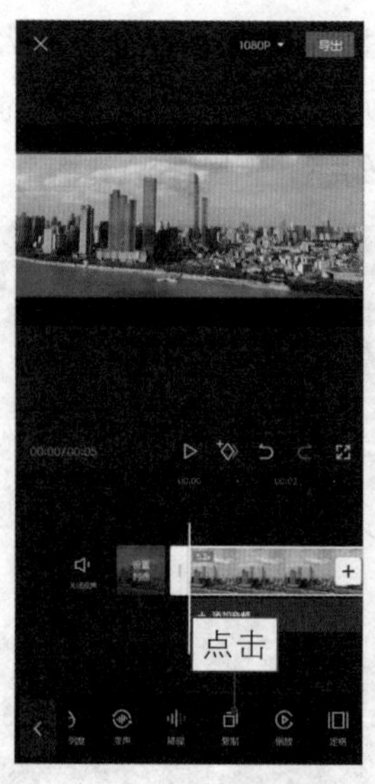

图 3-40 **点击“复制”按钮**

图 3-41 **点击“切画中画”按钮**

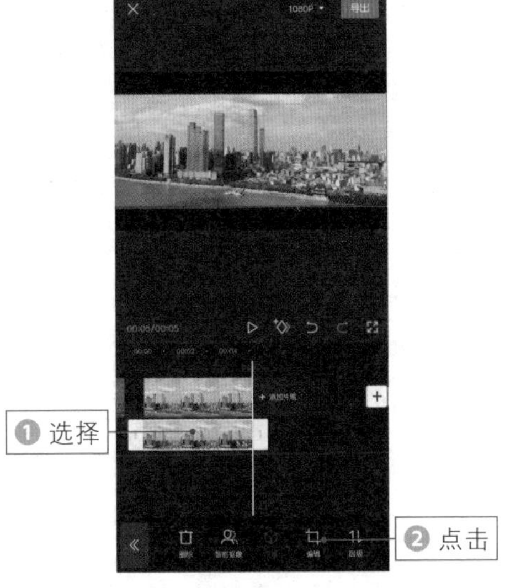

图 3-42　**点击“编辑”按钮**

图 3-43　**点击“旋转”按钮**

步骤 07 点击“镜像”按钮，水平翻转视频画面，如图3-44所示。

步骤 08 点击《按钮返回，点击“比例”按钮，选择1:1选项，如图3-45所示。

图 3-44　**点击“镜像”按钮**

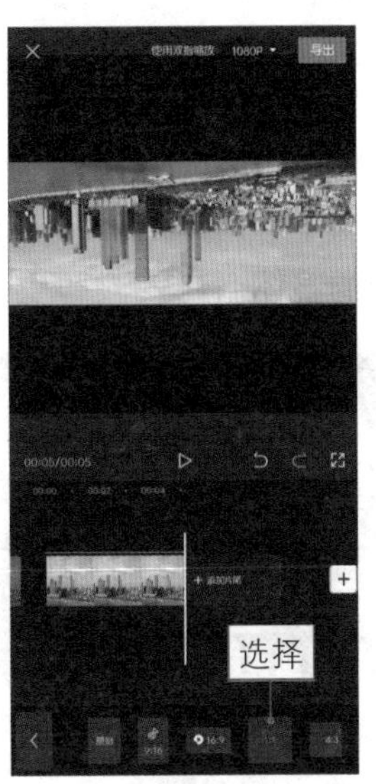

图 3-45　**选择 1 : 1 选项**

步骤 09 返回并在预览区域中对两个视频画面的位置进行适当调整，如图3-46所示。

步骤 10 最后添加合适的背景音乐，如图3-47所示。

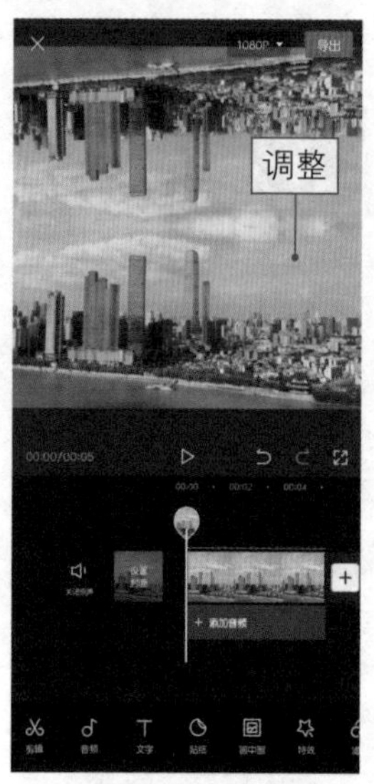

图 3-46　**适当调整画面的位置**

图 3-47　**添加背景音乐**

028　抠图转场，突出主体的转场

扫码看效果

扫码看教程

【效果展示】：抠图转场是一种非常炫酷的转场效果，它需要抠出视频画面中的主体，效果如图 3-48 所示。可以看到从一个画面切换到另一个画面时，主体先单独进入前一个画面，再出现第二个画面的整体。

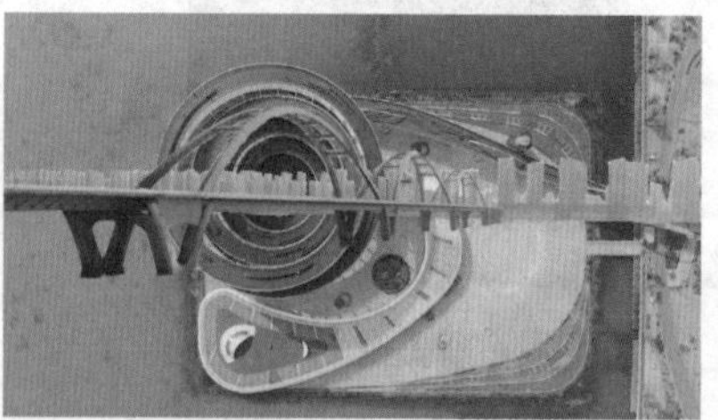

图 3-48　**抠图转场效果展示**

下面介绍使用剪映 App 制作抠图转场短视频的具体操作方法。

步骤 01 在剪映App中导入相应的素材，并添加合适的背景音乐，❶选择音频轨道；❷点击“踩点”按钮，如图3-49所示。

步骤 02 进入“踩点”界面，❶点击“自动踩点”按钮；❷选择“踩节拍I”选项，如图3-50所示。

图 3-49　**点击“踩点”按钮**

图 3-50　**选择“踩节拍 I”选项**

步骤 03 点击✓按钮返回，❶拖曳时间轴至第2个节拍点；❷选择视频轨道；❸点击“分割”按钮，如图3-51所示。

步骤 04 删除第1段视频轨道多余的部分。采用同样的操作方法，删除其余视频轨道多余的部分，并删除多余的音频轨道，如图3-52所示。

步骤 05 ❶拖曳时间轴至第2段视频的起始位置；❷点击⛶按钮，如图3-53所示。

步骤 06 全屏预览视频并截图，如图3-54所示。

图 3-51　**点击“分割”按钮**

图 3-52　**删除多余的轨道**

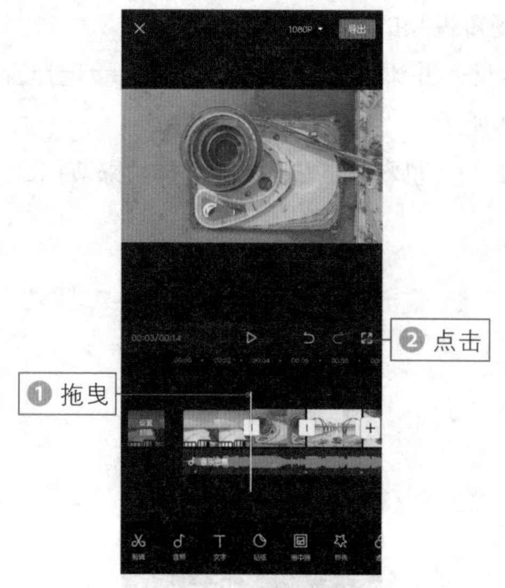

图 3-53 **点击相应按钮**

图 3-54 **全屏预览视频并截图**

步骤 07 打开美册App，在“首页”界面中点击“万物抠图”按钮，如图3-55所示。

步骤 08 进入手机相册，选择刚才截图的素材，如图3-56所示。

图 3-55 **点击“万物抠图”按钮**

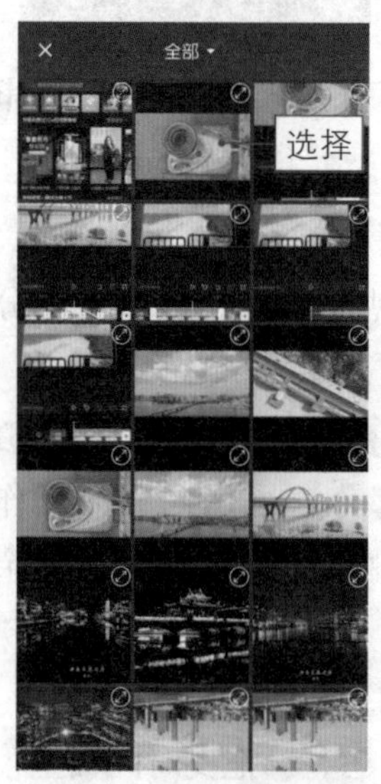

图 3-56 **选择截图的素材**

步骤 09 ①选择“选区”选项卡；②选择“方形”选项；③在预览区域调整选区；④点击“抠图”按钮，如图3-57所示。

步骤 10 执行操作后，开始进行智能抠图处理，如图3-58所示。

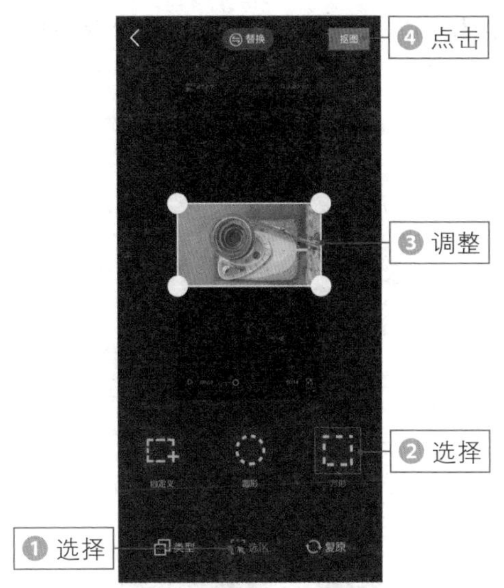

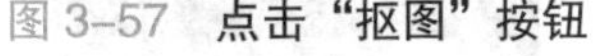

图 3-57　**点击“抠图”按钮**

图 3-58　**开始进行抠图处理**

步骤 11 稍等片刻，❶即可抠出图像；❷如果智能抠图无法抠出想要的部分，可选择“手动抠图”选项，如图3-59所示。

步骤 12 执行操作后，进入“手动抠图”界面，❶放大画面；❷选择“橡皮擦”选项；❸拖曳滑块，调整橡皮擦尺寸，如图3-60所示。

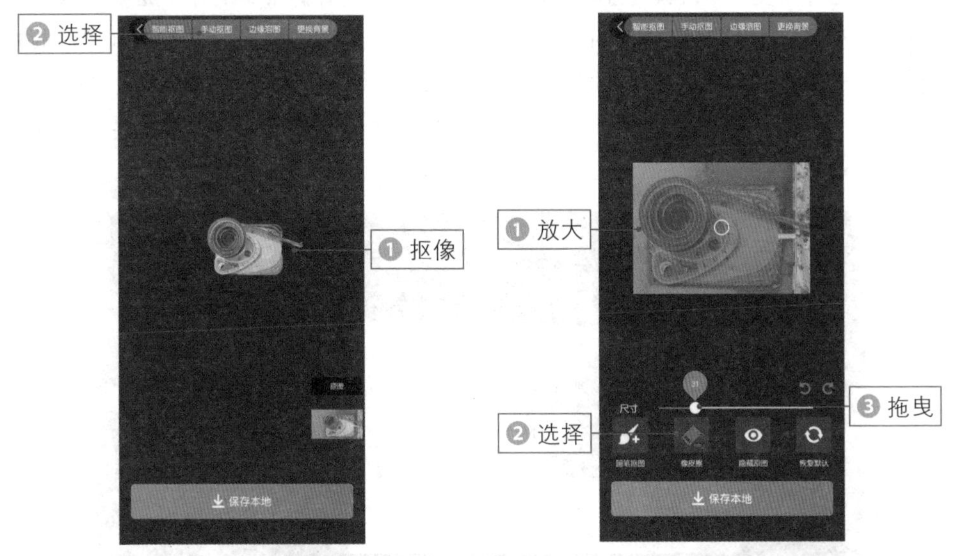

图 3-59　**选择“手动抠图”选项**

图 3-60　**调整橡皮擦尺寸**

步骤 13 执行操作后，❶在预览区域中擦除不需要抠出的位置的颜色；❷点击“隐藏原图”按钮，如图3-61所示。

步骤 14 执行操作后即可看到抠出的主体，点击“保存本地”按钮保存图片，如图3–62所示。

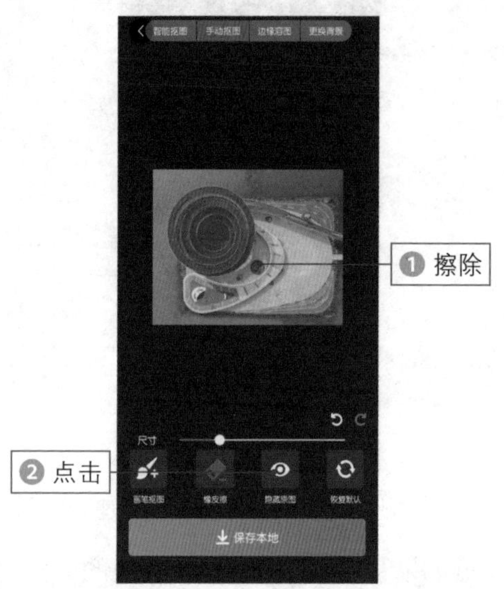

图 3–61　**点击“隐藏原图”按钮**

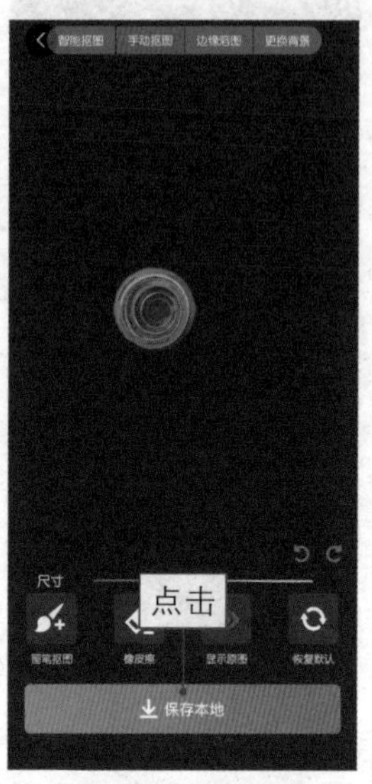

图 3–62　**点击“保存本地”按钮**

★专 家 提 醒★

用户还可以使用 Adobe Photoshop 中的钢笔工具或者套索工具等，沿着建筑物的周边创建选区，然后复制选区内的图像，并删除“背景”图层，即可抠出相应的建筑元素，如图 3–63 所示。要了解详细的抠图操作方法，大家可以阅读《Photoshop CC 抠图 + 修图 + 调色 + 合成 + 特效实战视频教程》一书，可以帮助大家快速掌握各种抠图技能。

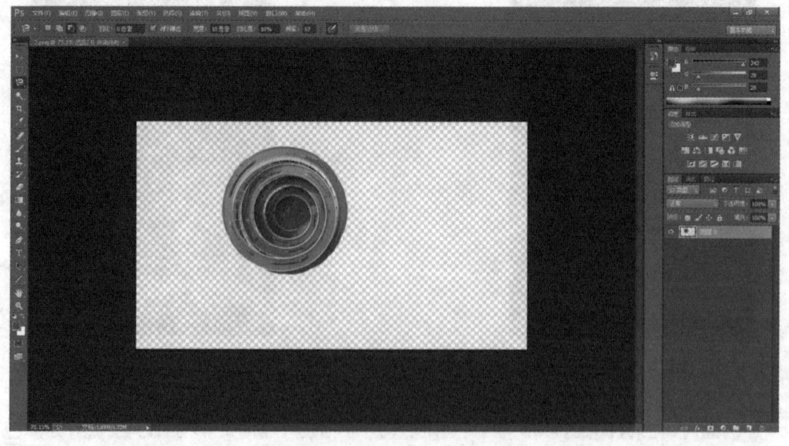

图 3–63　**使用 Adobe Photoshop 进行抠图处理**

步骤 15 返回剪映 App，❶ 将时间轴向左拖曳 0.5s；❷ 依次点击“画中画”按钮和“新增画中画”按钮，如图 3–64 所示。

步骤 16 ❶选择保存好的抠图；❷点击“添加”按钮，如图3–65所示。

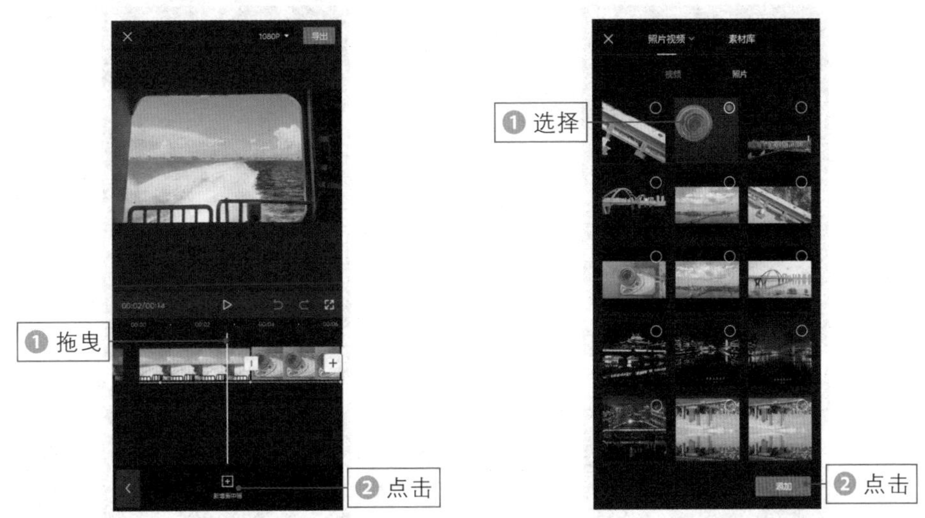

图 3–64　**点击“新增画中画”按钮**　　图 3–65　**点击“添加”按钮**

步骤 17 ❶ 拖曳时间轴至第 2 段视频的起始位置；❷ 在预览区域调整画中画素材的位置和大小，使其与视频画面重合；❸ 点击“分割”按钮，如图 3–66 所示。

步骤 18 删除多余的画中画素材，❶ 选择画中画轨道；❷ 点击“动画”按钮，如图 3–67 所示。

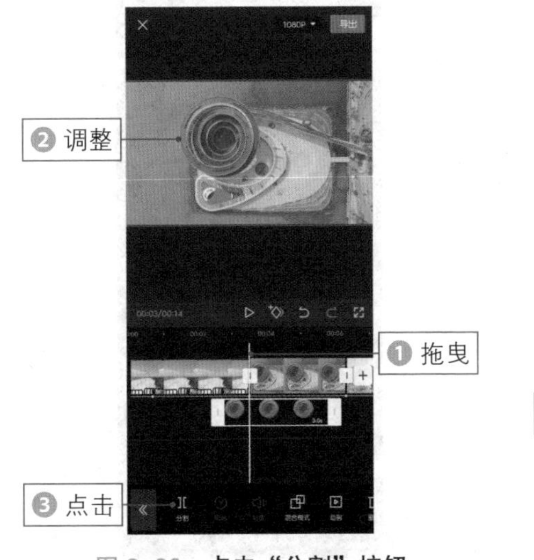

图 3–66　**点击“分割”按钮**

图 3–67　**点击“动画”按钮**

步骤 19 打开“动画”菜单，选择“入场动画”选项，如图3-68所示。

步骤 20 ❶选择“向下甩入”动画效果；❷拖曳“动画时长”选项右侧的滑块，调整动画的持续时长，如图3-69所示。

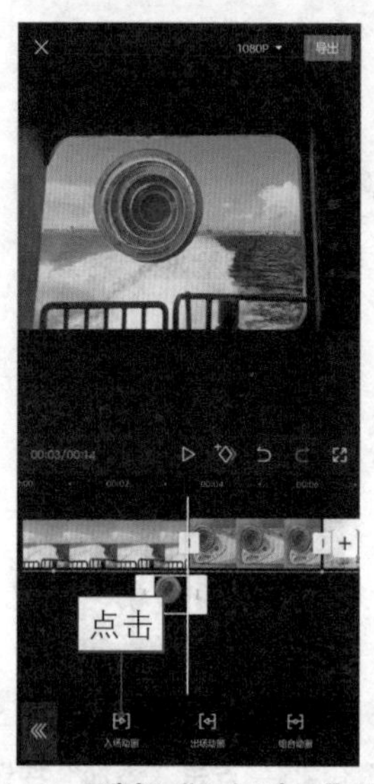

图 3-68 **选择“入场动画”选项**

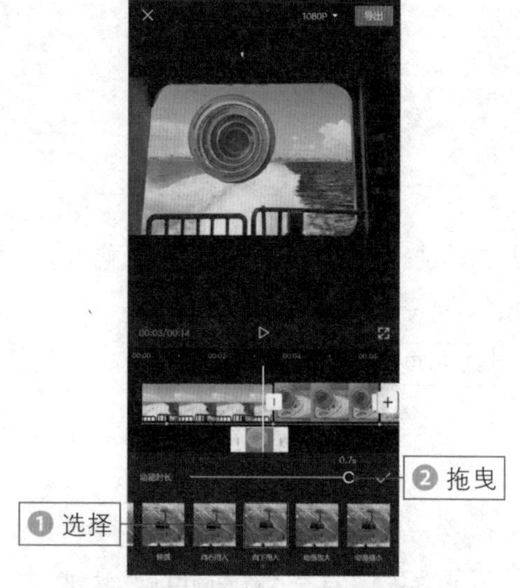

图 3-69 **调整动画的持续时长**

步骤 21 点击✓按钮添加动画效果，❶返回并拖曳时间轴至画中画轨道的起始位置；❷依次点击“音频”按钮和“音效”按钮，如图3-70所示。

步骤 22 ❶切换至“转场”选项卡；❷找到“嗖嗖”音效并点击“使用”按钮，如图3-71所示。

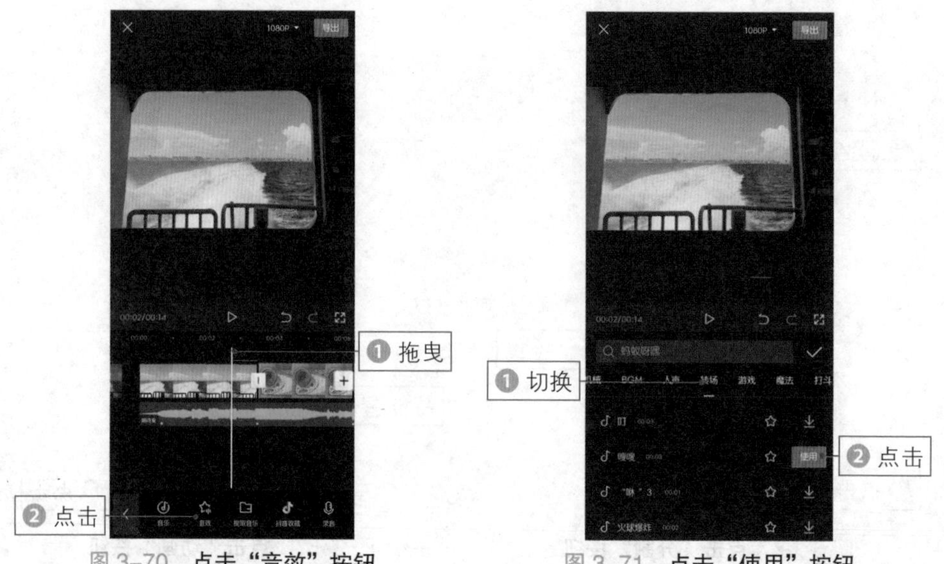

图 3-70 **点击“音效”按钮**　　图 3-71 **点击“使用”按钮**

步骤 23 ❶选择音效轨道；❷适当调整音效轨道的时长，如图3-72所示。

步骤 24 采用同样的操作方法，为其余的素材制作转场效果，如图 3-73 所示。

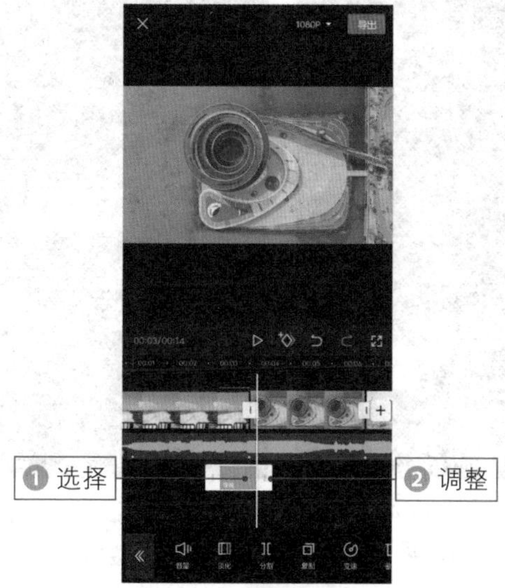

图 3-72　**调整音效时长**

图 3-73　**为其余素材制作转场效果**

029　镜像转场，书本翻页的效果

扫码看效果

扫码看教程

【效果展示】：镜像转场是通过镜像翻转动画效果让画面之间的切换更加流畅，效果如图 3-74 所示。可以看到画面与画面之间的转场就像书本翻页一样自然流畅。

图 3-74　**镜像转场效果展示**

下面介绍使用剪映 App 制作镜像转场短视频的具体操作方法。

步骤 01 在剪映App中导入相应的素材，点击“画中画”按钮，如图3-75所示。

步骤 02 执行操作后，❶选择第2段视频轨道；❷点击下方工具栏中的“切画中画”按钮，如图3-76所示。

步骤 03 将第2段素材从视频轨道切换至画中画轨道后，长按该轨道，并将其拖曳至起始位置，❶选择画中画轨道；❷点击“蒙版”按钮，如图3-77所示。

图 3-75 **点击“画中画”按钮**

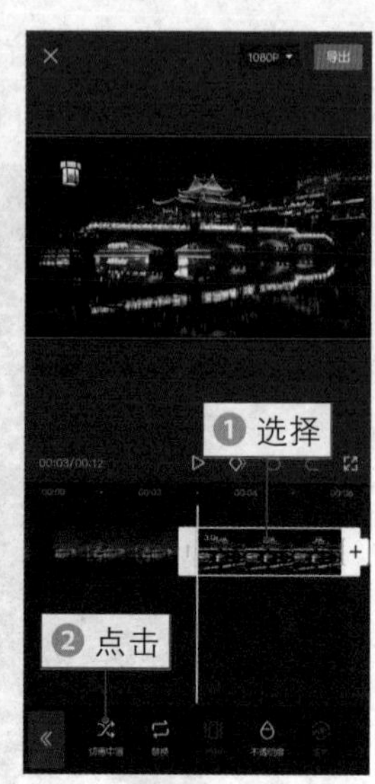

图 3-76 **点击“切画中画”按钮**

步骤 04 进入“蒙版”界面，❶选择“线性”蒙版；❷在预览区域调整蒙版的位置，顺时针旋转蒙版位置至90° ，如图3-78所示。

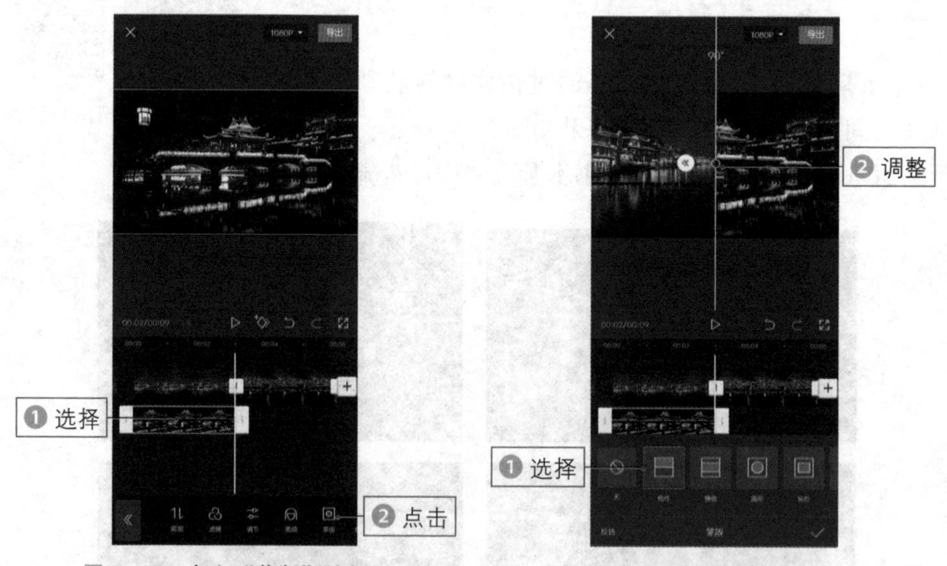

图 3-77 **点击“蒙版”按钮 1**

图 3-78 **调整蒙版位置**

步骤 05 点击✓按钮返回，点击“复制”按钮，如图3-79所示。

步骤 06 将复制的轨道长按并拖曳至第2条画中画轨道，❶选择第2条画中画轨道中的第1段画中画轨道；❷点击“蒙版”按钮，如图3-80所示。

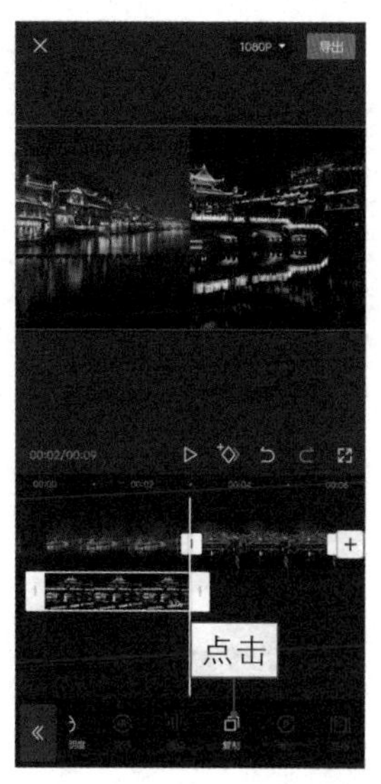

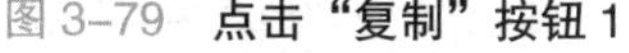

图 3–79　**点击“复制”按钮 1**

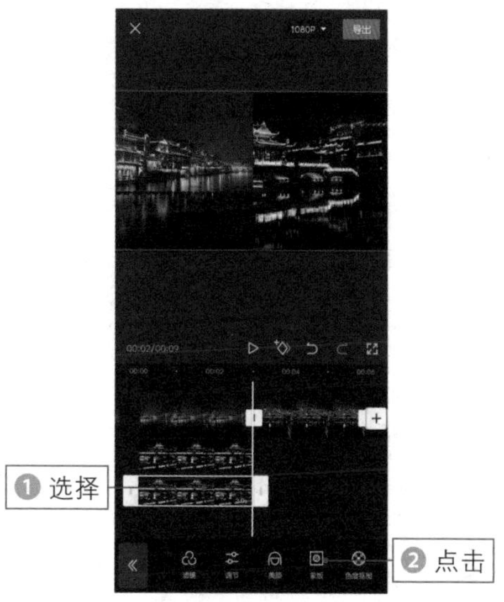

图 3–80　**点击“蒙版”按钮 2**

步骤 07 点击“反转”按钮，反转蒙版，如图3–81所示。

步骤 08 点击✓按钮返回，❶选择第1段画中画轨道；❷拖曳其右侧的白色拉杆；❸将其时长设置为1.5s，如图3–82所示。

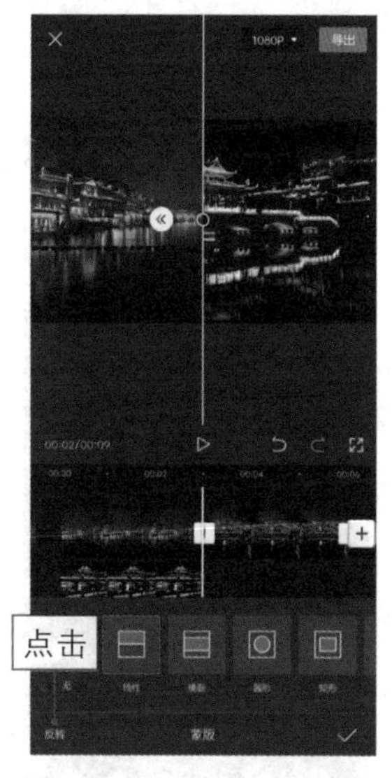

图 3–81　**点击“反转”按钮**

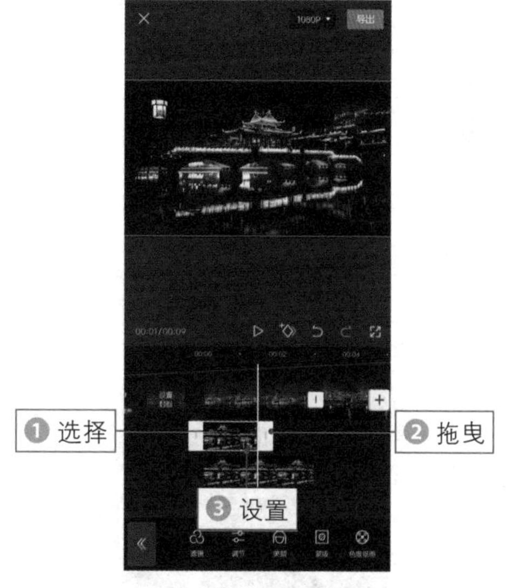

图 3–82　**设置时长**

步骤 09 ❶选择第1段视频轨道；❷点击“复制”按钮，如图3–83所示。

步骤 10 执行操作后，点击工具栏中的“切画中画”按钮，如图3–84所示。

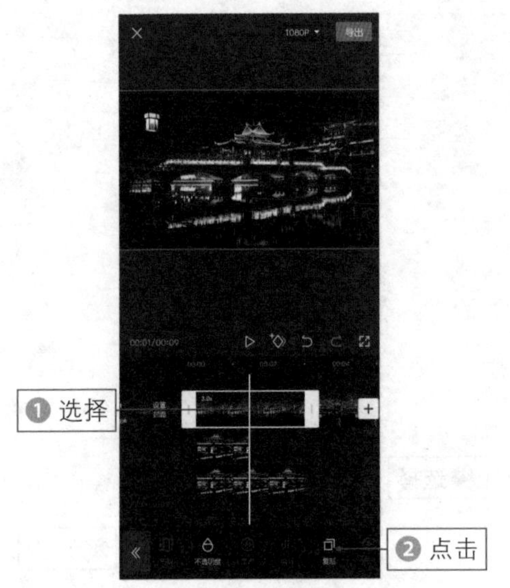

图 3–83　**点击“复制”按钮 2**

图 3–84　**点击“切画中画”按钮**

步骤 11　长按并向左拖曳复制的视频轨道，使其与第1段画中画轨道相接，❶选择切换至画中画轨道的第2段画中画轨道；❷点击“分割”按钮，如图3–85所示。

步骤 12　执行操作后，❶选择前半部分画中画轨道；❷点击“蒙版”按钮，如图3–86所示。

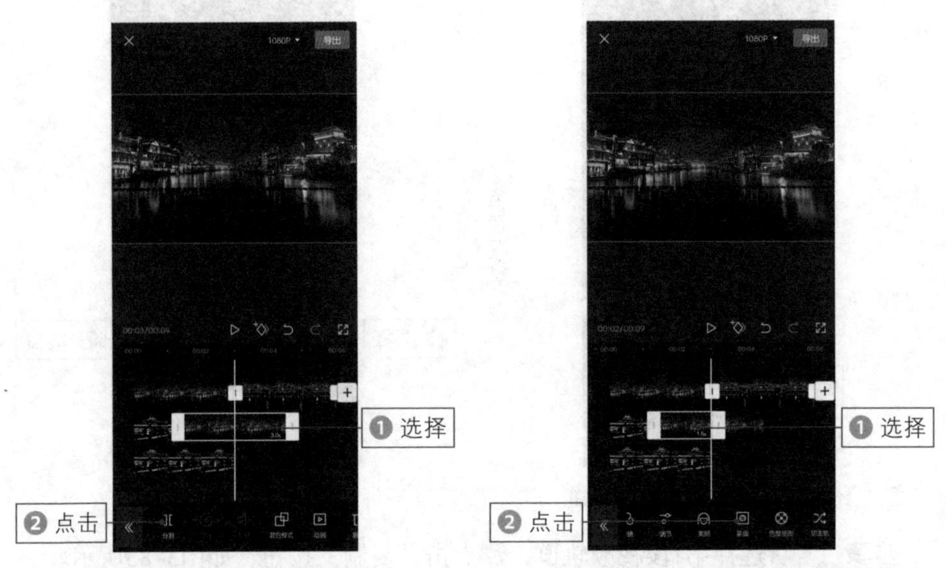

图 3–85　**点击“分割”按钮**

图 3–86　**点击“蒙版”按钮 3**

步骤 13　❶选择“线性”蒙版；❷在预览区域调整蒙版的位置，逆时针旋转蒙版位置至-90°，如图3-87所示。

步骤 14 点击✓按钮返回，依次点击“动画”按钮和“入场动画”按钮，如图3-88所示。

步骤 15 ❶ 选择“镜像翻转”动画效果；❷ 拖曳白色圆环滑块，调整入场动画的持续时长，将其动画时长拉至最大，如图 3-89 所示。

步骤 16 ❶ 返回并选择第 1 条画中画轨道中的第 1 段画中画轨道；❷ 点击“出场动画”按钮，如图 3-90 所示。

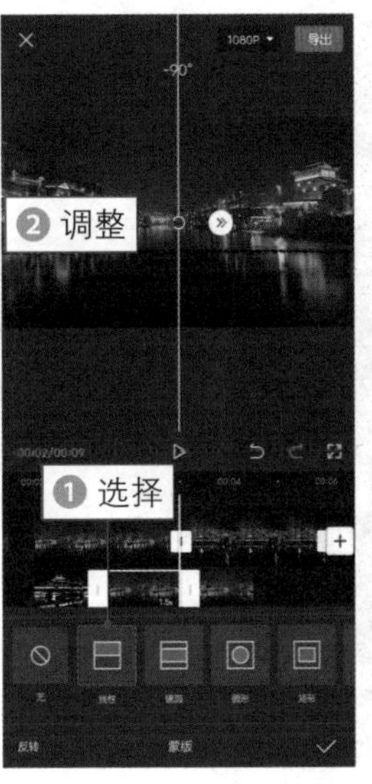

图 3-87　**调整蒙版位置**　图 3-88　**点击“入场动画”按钮**

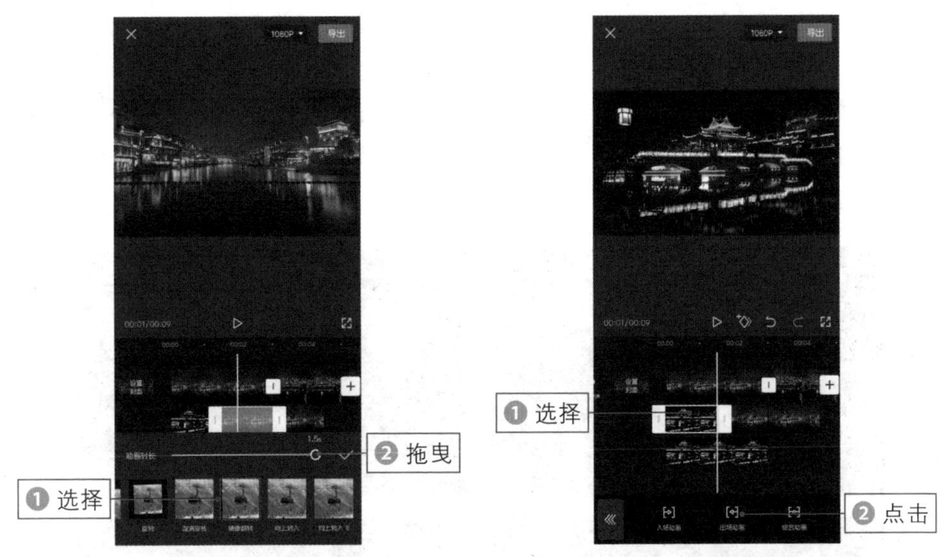

图 3-89　**调整动画时长 1**　　图 3-90　**点击“出场动画”按钮**

步骤 17 ❶选择“镜像翻转”动画效果；❷拖曳白色圆环滑块，调整出场动画的持续时长，将其动画时长拉至最大，如图3-91所示。

步骤 18 采用同样的操作方法，为其余的素材添加线性蒙版，并添加合适的背景音乐，如图3-92所示。

图 3–91　**调整动画时长 2**

图 3–92　**添加线性蒙版和背景音乐**

030　超级月亮，月亮上升的效果

扫码看效果　扫码看教程

【效果展示】：超级月亮主要使用剪映 App 的超级月亮贴纸功能制作而成，可以在夜景视频画面中合成一个又大又明亮的超级月亮升空效果，如图 3–93 所示。

图 3–93　**超级月亮效果展示**

下面介绍使用剪映 App 制作超级月亮的具体操作方法。

步骤 01 在剪映 App 中导入一段素材，并添加合适的背景音乐，如图 3-94 所示。

步骤 02 ❶拖曳时间轴至1s位置；❷点击“贴纸”按钮，如图3-95所示。

图 3-94　**添加背景音乐**

图 3-95　**点击“贴纸”按钮**

步骤 03 进入“贴纸”界面，❶切换至“梦幻”选项卡；❷选择一个超级月亮贴纸，如图3-96所示。

步骤 04 点击✓按钮添加贴纸效果，❶在预览区域适当调整贴纸的大小和位置；❷并将贴纸轨道的时长调整到视频的结束位置；❸点击工具栏中的“动画”按钮，如图3-97所示。

步骤 05 进入“贴纸动画”界面，❶在“入场动画”选项卡中选择“向上滑动”动画；❷拖曳滑块，将“动画时长”设置为最长，如图 3-98 所示。

步骤 06 返回再添加一个文字贴纸，❶将其拖曳至视频轨

图 3-96　**选择贴纸**

图 3-97　**点击“动画”按钮 1**

道的结束位置；❷在预览区域适当调整贴纸的大小和位置；❸点击工具栏中的“动画”按钮，如图3-99所示。

图 3-98　**设置动画时长**　　图 3-99　**点击“动画”按钮 2**

步骤 07 选择“入场动画”选项卡中的“向左滑动”动画，如图3-100所示。

步骤 08 返回并点击“特效”按钮，如图3-101所示。

步骤 09 ❶切换至 Bling 选项卡；❷选择“撒星星Ⅱ”特效，如图 3-102 所示。

★ 专 家 提 醒 ★

需要注意的是，剪映 App 的贴纸素材会经常进行更新和重新归类，贴纸主题的名称也会有所变动，用户可以在贴纸素材库中仔细寻找，通常都能找到需要的贴纸效果。

图 3-100　**选择“向左滑动”动画**

图 3-101　**点击“特效”按钮**

步骤 10 点击✓按钮返回，调整特效轨道的出现位置，如图3-103所示。

图 3-102　**选择"撒星星 II"特效**

图 3-103　**调整特效的出现位置**

031　雪花纷飞，城市夜景短视频

扫码看效果

扫码看教程

【效果展示】：雪花纷飞主要使用剪映 App 的"大雪"特效、"背景的风声"音效等功能制作而成，可以看到雪花飘落的城市夜景视频，效果如图 3-104 所示。

图 3-104　**雪花纷飞效果展示**

下面介绍使用剪映 App 制作雪花纷飞的具体操作方法。

步骤 01 在剪映 App 中导入一段素材，并添加合适的背景音乐，点击“特效”按钮，如图 3–105 所示。

步骤 02 ❶ 切换至“自然”选项卡；❷ 选择“大雪”特效，如图 3–106 所示。

步骤 03 点击✓按钮添加特效，拖曳特效轨道右侧的白色栏杆，调整特效时长，使其与视频时长一致，如图 3–107 所示。

步骤 04 ❶ 返回并拖曳时间轴至起始位置；❷ 依次点击“音频”按钮和“音效”按钮，如图 3–108 所示。

图 3–105 **点击“特效”按钮**

图 3–106 **选择“大雪”特效**

图 3–107 **调整特效时长**

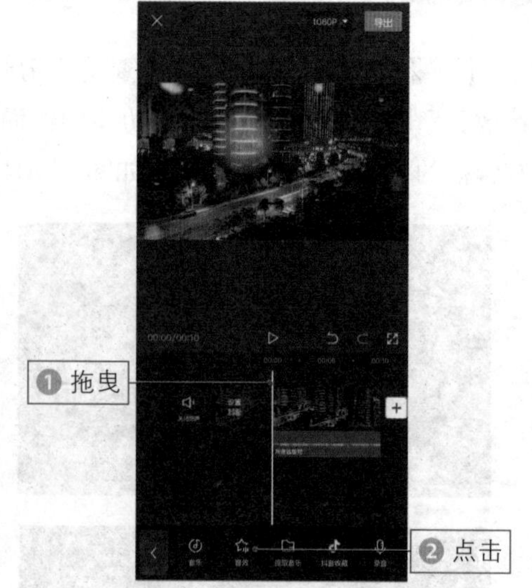

图 3–108 **点击“音效”按钮**

步骤 05 进入“音效”界面，❶ 切换至“环境音”选项卡；❷ 选择“背景的风声”音效；❸ 点击“使用”按钮，如图 3–109 所示。

步骤 06 ❶ 拖曳时间轴至视频轨道的结束位置；❷ 选择音效轨道；❸ 点击“分割”按钮，如图 3–110 所示。最后，删除多余的音效轨道即可。

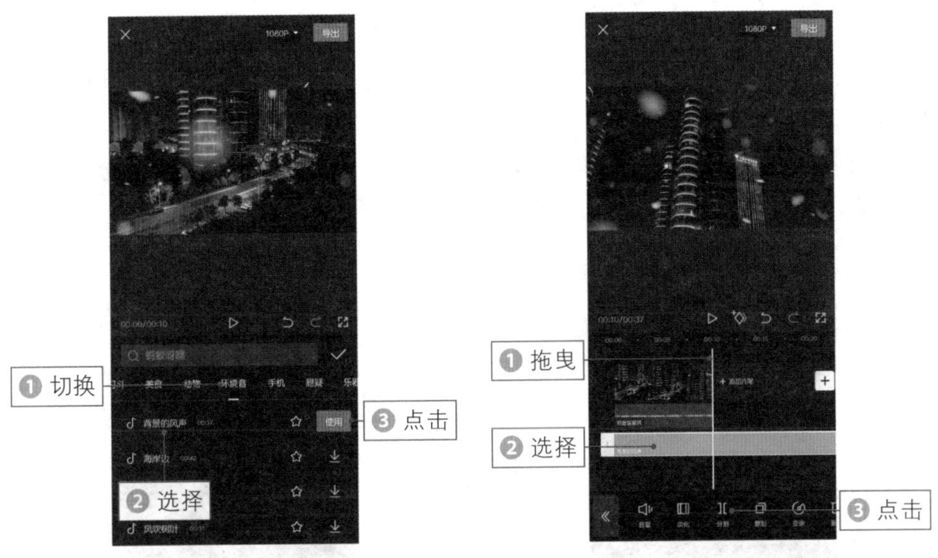

图 3-109　**点击“使用”按钮**　　图 3-110　**点击“分割”按钮**

032 多相框门，矩形蒙版的缩放

扫码看效果

扫码看教程

【效果展示】：多相框门主要是使用剪映 App 的蒙版和缩放功能制作而成，画面看上去就像有许多扇门一样，给人一种神奇的视觉效果，如图 3-111 所示。

图 3-111　**多相框门效果展示**

下面介绍使用剪映 App 制作多相框门短视频的具体操作方法。

步骤 01 在剪映App中导入一段素材，❶选择视频轨道；❷点击“蒙版”按钮，如图3-112所示。

步骤 02 进入“蒙版”界面，❶选择“矩形”蒙版；❷在预览区域调整蒙版大小；❸点击“反转”按钮，如图3-113所示。

图 3-112 **点击“蒙版”按钮**　　图 3-113 **点击“反转”按钮 1**

步骤 03 返回并连续两次点击“复制”按钮，如图 3-114 所示。

步骤 04 返回并点击“画中画”按钮，❶ 选择第 3 段视频轨道；❷ 点击“切画中画”按钮，如图 3-115 所示。

步骤 05 ❶ 将画中画轨道拖曳至起始位置；❷ 选择画中画轨道；❸ 在预览区域适当缩小其画面；❹ 连续两次点击“复制”按钮，如图 3-116 所示。

步骤 06 采用同样的操作方法，添加多条画中画轨道，并在预览区域将其画面逐层缩小，如

图 3-114 **点击“复制”按钮 1**

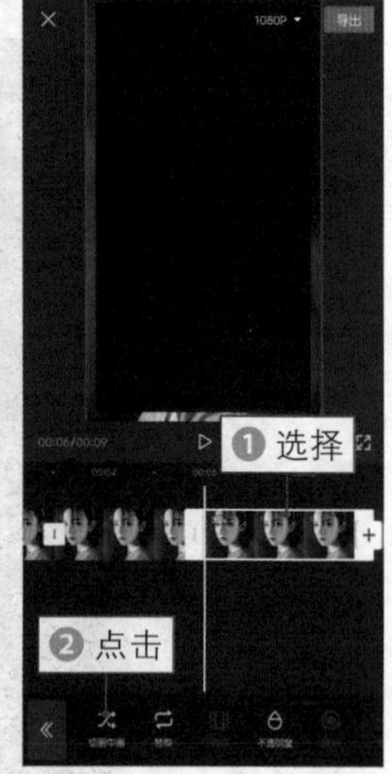

图 3-115 **点击“切画中画”按钮**

图 3-117 所示。复制的画中画轨道越多，效果越佳，画中画轨道最多能够添加 6 条。

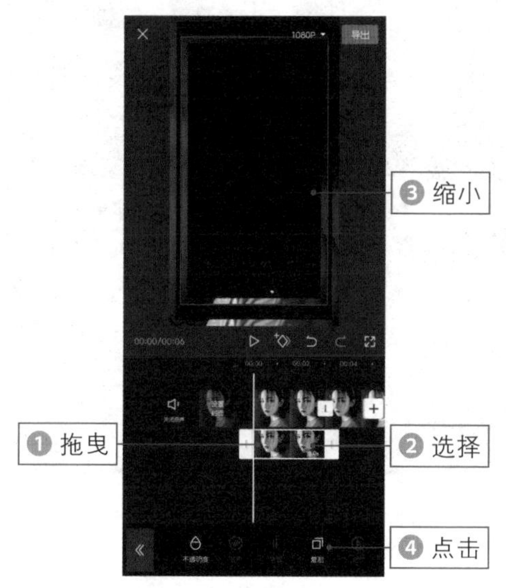

图 3-116　**点击“复制”按钮 2**

图 3-117　**添加画中画轨道**

步骤 07 ①选择最后一条画中画轨道中的第1段画中画轨道；②点击“蒙版”按钮，如图3-118所示。

步骤 08 点击“反转”按钮，如图3-119所示。

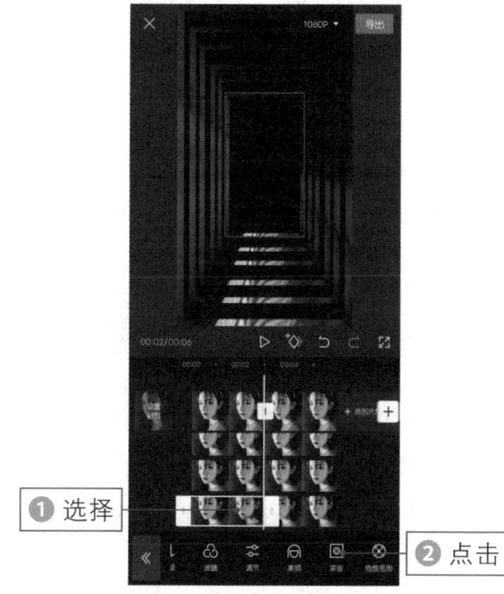

图 3-118　**点击“蒙版”按钮**

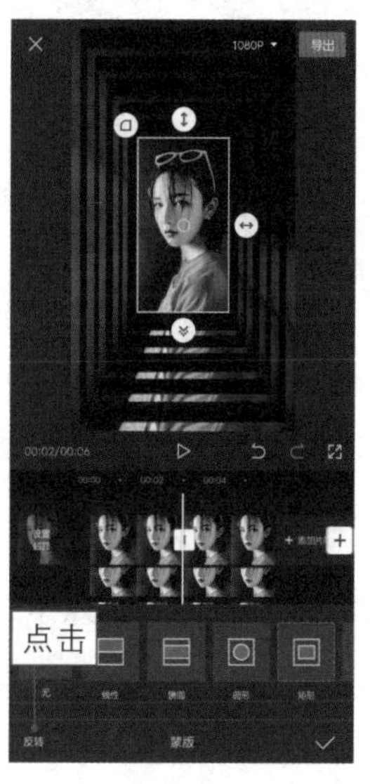

图 3-119　**点击“反转”按钮 2**

步骤 09 采用同样的操作方法，将最后一条画中画轨道中的第2段画中画轨道的蒙版也反转一下，❶选择第1段视频轨道；❷依次点击“动画”按钮和“入场动画”按钮，如图3-120所示。

步骤10 ❶ 选择“放大”动画；❷ 拖曳滑块，将动画时长调整为0.5s，如图 3-121 所示。

步骤11 ❶ 选择第 2 段视频轨道；❷ 点击“出场动画”按钮，如图 3-122 所示。

步骤12 ❶ 选择“缩小”动画；❷ 拖曳滑块，将动画时长调整为0.5s，如图 3-123 所示。

图 3-120 点击“入场动画”按钮

图 3-121 调整动画时长 1

图 3-122 点击“出场动画”按钮

图 3-123 调整动画时长 2

步骤13 ❶返回并选择第1条画中画轨道中的第1段画中画轨道；❷依次点击“动画”按钮和“入场动画”按钮，选择“放大”动画；❸拖曳滑块，将动画时长调整为1.0s，如图3-124所示。

步骤14 采用同样的操作方法，为所有画中画轨道添加动画效果，并逐层增加0.5s的动画时长，最后添加合适的背景音乐，如图3-125所示。

图 3-124　**调整动画时长 3**

图 3-125　**添加背景音乐**

033　综艺滑屏，既有创意又高级

扫码看效果

扫码看教程

【效果展示】：综艺滑屏是一种非常适合用来展示多段视频的效果，适合用来制作旅行 Vlog、综艺片头等，效果如图 3-126 所示。

图 3-126　**综艺滑屏效果展示**

下面介绍使用剪映 App 制作综艺滑屏的具体操作方法。

步骤 01 在剪映App中导入一段素材，点击“比例”按钮，如图3-127所示。

步骤 02 进入“比例”界面，选择9:16选项，如图3-128所示。

步骤 03 返回并选择视频轨道，❶ 在预览区域调整视频画面的位置和大小；❷ 依次点击“画中画”按钮和“新增画中画”按钮，如图 3-129 所示，再次导入视频素材。

图 3-127　**点击“比例”按钮**

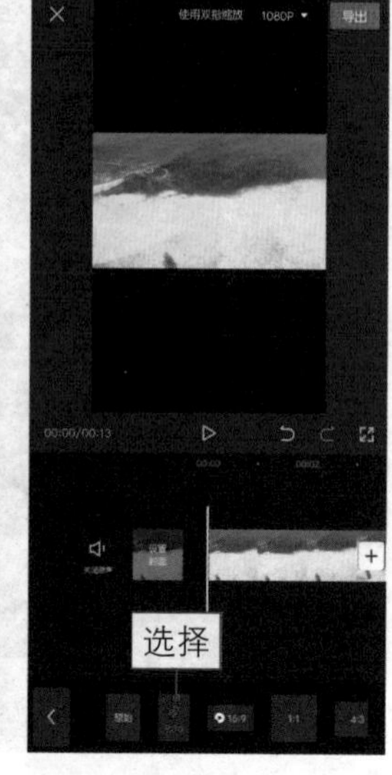

图 3-128　**选择 9:16 选项**

步骤 04 采用同样的操作方法，❶ 导入多段视频素材，删除多余的视频轨道；❷ 在预览区域调整其画面位置和大小；❸ 点击“导出”按钮，如图 3-130 所示。

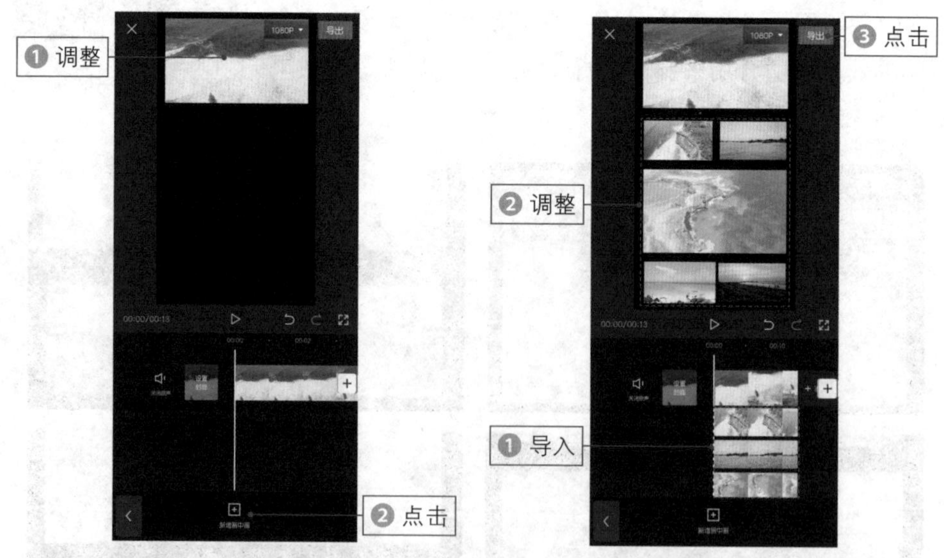

图 3-129　**点击“新增画中画”按钮**

图 3-130　**点击“导出”按钮**

步骤 05 导出完成后，点击“开始创作”按钮，❶导入刚刚导出的视频素材；❷添加合适的背景音乐；❸点击“比例”按钮，如图3-131所示。

步骤 06 ❶选择16:9选项；❷在预览区域放大视频画面，并调整画面位置，使其显示画面的顶部，如图3-132所示。

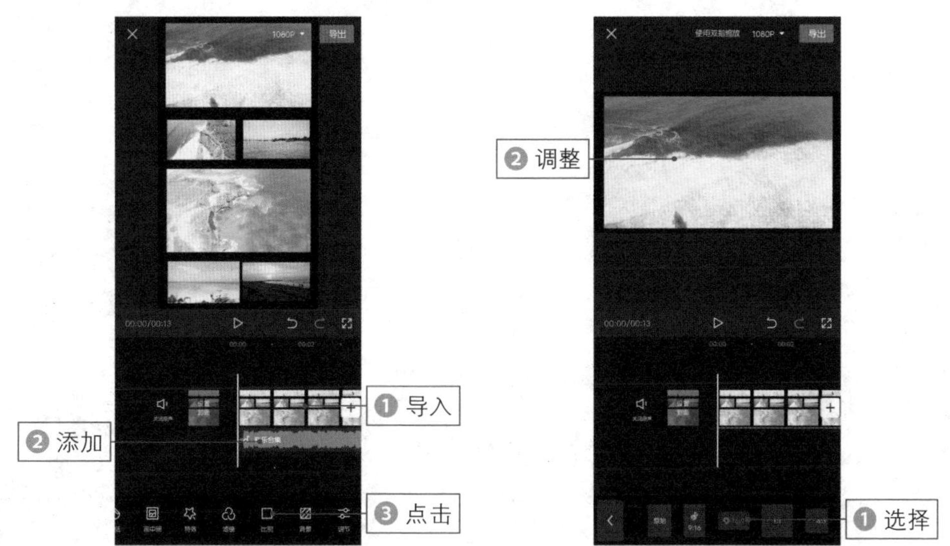

图 3-131　**点击“比例”按钮**　　图 3-132　**调整画面位置 1**

步骤 07 ❶ 返回并选择视频轨道；❷ 点击关键帧按钮，添加关键帧如图 3-133 所示。

步骤 08 ❶拖曳时间轴至视频轨道的结束位置；❷在预览区域调整画面位置，使其显示画面的底部，如图3-134所示。

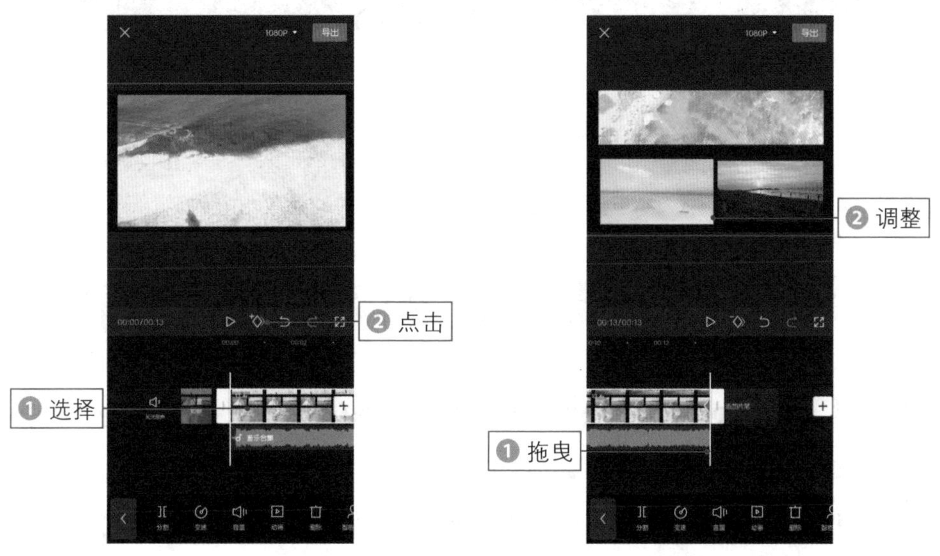

图 3-133　**点击相应按钮**　　图 3-134　**调整画面位置 2**

第 4 章

16 种字幕效果：让视频更专业有范

本章要点

在刷短视频时，常常可以看到很多短视频中都添加了字幕效果，或用于歌词，或用于语音解说，让观众在短短几秒内就能看懂更多视频内容，同时这些文字还有助于观众记住发布者想要表达的信息，吸引他们点赞和关注。本章将介绍添加文字、识别字幕及添加贴纸等 16 种添加字幕效果的技巧。

034 添加文字，展现视频内容

扫码看教程

剪映 App 除了能够剪辑视频，用户也可以使用它为自己拍摄的短视频添加合适的文字内容，下面介绍具体的操作方法。

步骤 01 打开剪映App，点击“开始创作”按钮，进入“照片视频”界面，❶选择合适的视频素材；❷点击“添加”按钮，如图4-1所示。

步骤 02 执行操作后，即可导入该视频素材，点击“文字”按钮，如图4-2所示。

步骤 03 进入“文字”二级工具栏，点击“新建文本”按钮，如图 4-3 所示。

步骤 04 进入“文字”编辑界面，用户可以长按文本框，通过粘贴文字来快速输入，如图4-4所示。

图 4-1　**点击“添加”按钮**

图 4-2　**点击“文字”按钮**

图 4-3　**点击“新建文本”按钮**

图 4-4　**长按文本框快速粘贴文字**

步骤 05 在文本框中输入符合短视频主题的文字内容，如图4–5所示。

步骤 06 点击✓按钮确认，即可添加文字，在预览区域按住文字素材并拖曳，即可调整文字的位置，如图4–6所示。

图 4–5 输入文字

图 4–6 调整文字的位置

035 文字样式，风格多样任选

扫码看效果

扫码看教程

【效果展示】：剪映 App 中提供了多种文字样式，并且可以根据短视频主题的需要，调节各个参数的数值，效果如图 4–7 所示。

图 4–7 文字样式效果展示

下面介绍使用剪映 App 添加文字样式的具体操作方法。

步骤 01 以上一例制作的效果为例，拖曳文字轨道右侧的白色拉杆，调整文字在画面中出现的持续时长，如图4-8所示。

步骤 02 拖曳文本框右下角的按钮，调整文字大小，如图4-9所示。

步骤 03 点击工具栏中的“样式”按钮，进入“样式”界面，选择相应的字体样式，如图4-10所示。

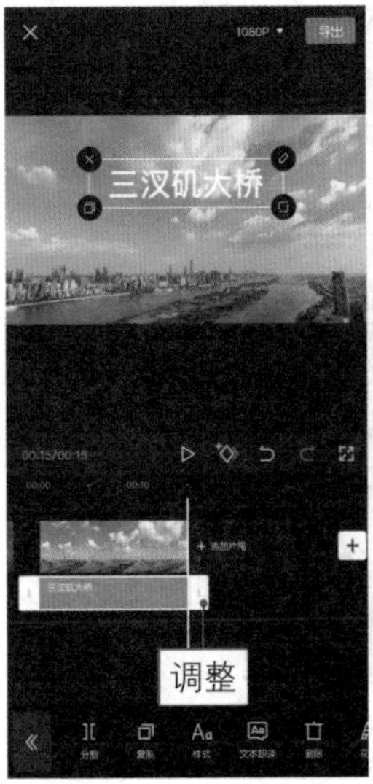

图 4-8　**调整文字持续时长**

图 4-9　**调整文字大小**

步骤 04 字体下方为描边样式，用户可以选择相应的样式模板快速应用描边效果，如图 4-11 所示。

图 4-10　**选择字体样式**

图 4-11　**选择描边效果**

步骤 05 还可以点击底部的“描边”选项，切换至该选项卡，在其中也可以设置描边的“颜色”和“粗细度”参数，如图4-12所示。

步骤 06 切换至“标签”选项卡，在其中可以设置标签“颜色”和“透明度”，添加标签效果，让文字更为明显，如图 4-13 所示。

图 4–12　**设置描边效果**

图 4–13　**添加标签效果**

步骤 07 切换至“阴影”选项卡，在其中可以设置文字阴影的“颜色”和“透明度”，添加阴影效果，让文字显得更加立体，如图4–14所示。

步骤 08 ❶切换至“排列”选项卡，用户可以在此选择左对齐、水平居中对齐、右对齐、垂直上对齐、垂直居中对齐和垂直下对齐等多种对齐方式，让文字的排列更加错落有致；❷拖曳下方的“字间距”滑块，可以调整文字间的距离，如图4–15所示。

图 4–14　**添加阴影效果**

图 4–15　**调整字间距**

036 文字模板，丰富字幕花样

扫码看效果

扫码看教程

【效果展示】：剪映 App 中提供了丰富的文字模板，能够帮助用户快速制作出精美的短视频文字效果，如图 4–16 所示。

图 4–16　**文字模板效果展示**

下面介绍使用剪映 App 添加文字模板的具体操作方法。

步骤 01 在剪映 App 中导入一段素材，点击“文字”按钮，如图 4–17 所示。

步骤 02 点击“文字”二级工具栏中的“文字模板”按钮，如图 4–18 所示。

步骤 03 进入“文字模板”界面，可以看到“标题”“字幕”及“时间”等 11 个选项卡，如图 4–19 所示。

步骤 04 ❶ 切换至“卡拉 OK”选项卡；❷ 选择一个文字模板，如图 4–20 所示。

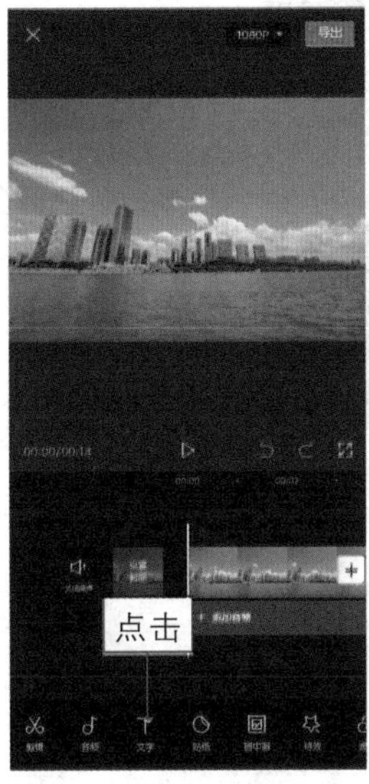

图 4–17　**点击“文字”按钮**

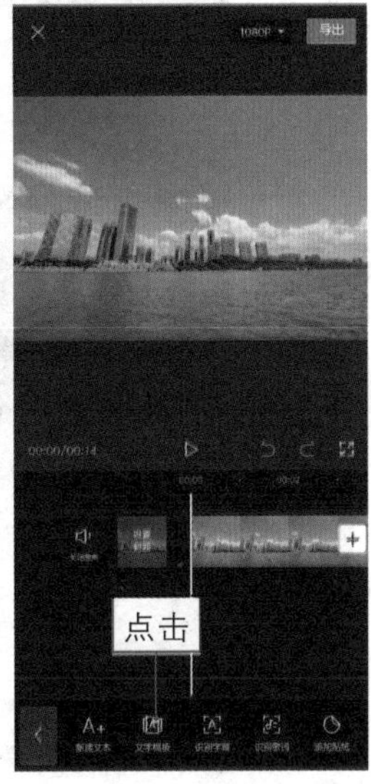

图 4–18　**点击“文字模板”按钮**

图 4-19 **“文字模板”界面**

图 4-20 **选择文字模板**

步骤 05 ❶在预览区域点击文字还可更改文字内容；❷拖曳按钮调整文字模板的大小；❸调整文字模板的位置，如图4-21所示。

步骤 06 点击按钮返回，拖曳文字轨道右侧的白色拉杆，调整文字模板的持续时长，如图4-22所示。

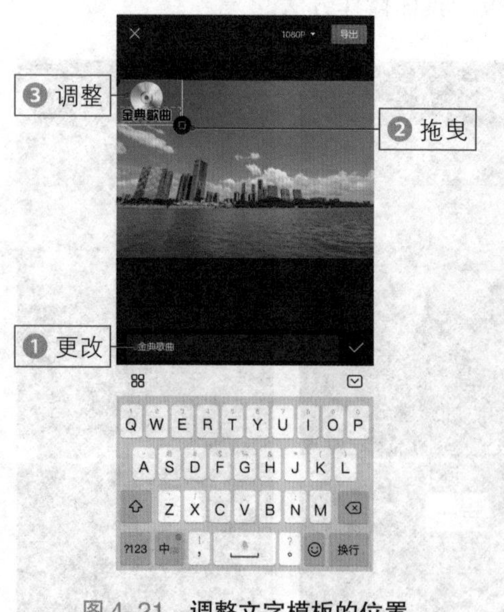

图 4-21 **调整文字模板的位置**

图 4-22 **调整文字模板的时长**

037 识别字幕，轻松添加字幕

扫码看效果　扫码看教程

【效果展示】：剪映 App 的识别字幕功能准确率非常高，能够帮助用户快速识别视频背景中的声音并添加字幕轨道，效果如图 4–23 所示。

图 4–23　**识别字幕效果展示**

下面介绍使用剪映 App 识别字幕的具体操作方法。

步骤 01 在剪映 App 中导入一段素材，点击“文字”按钮，如图 4–24 所示。

步骤 02 进入“文字”编辑界面，点击“识别字幕”按钮，如图 4–25 所示。

步骤 03 执行操作后，弹出“自动识别字幕”对话框，点击“开始识别”按钮，如图 4–26 所示。如果视频中本身存在字幕，可以选中“同时清空已有字幕”单选

图 4–24　**点击“文字”按钮**

图 4–25　**点击“识别字幕”按钮**

按钮，快速清除原来的字幕。

步骤 04 执行操作后，软件开始自动识别视频中的语音内容，如图 4–27 所示。

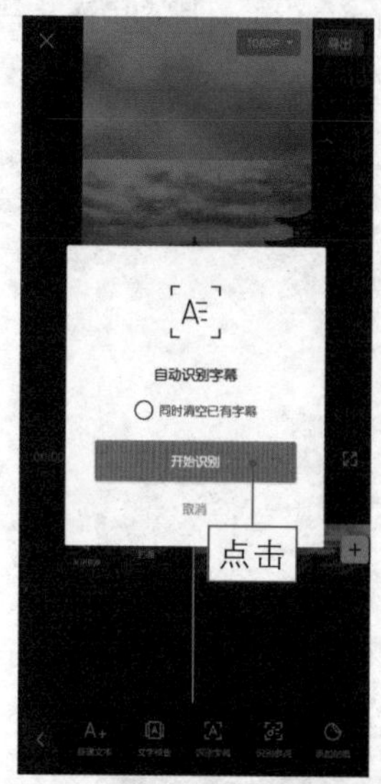

图 4–26 **点击“开始识别”按钮**

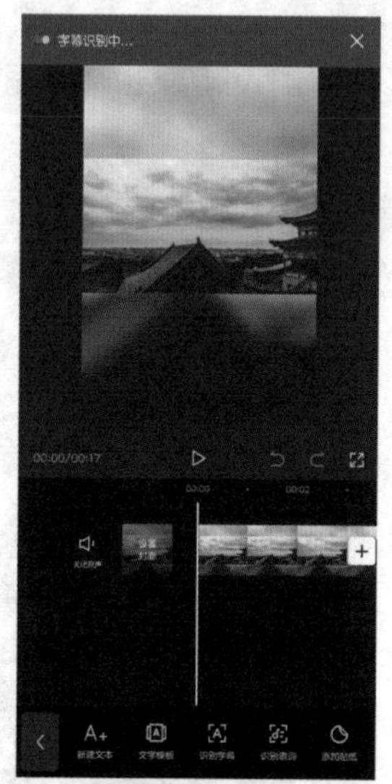
图 4–27 **自动识别语音**

步骤 05 稍等片刻，即可完成字幕识别，并自动生成对应的字幕轨道，如图4–28所示。

步骤 06 拖曳时间轴，可以查看字幕效果，如图4–29所示。

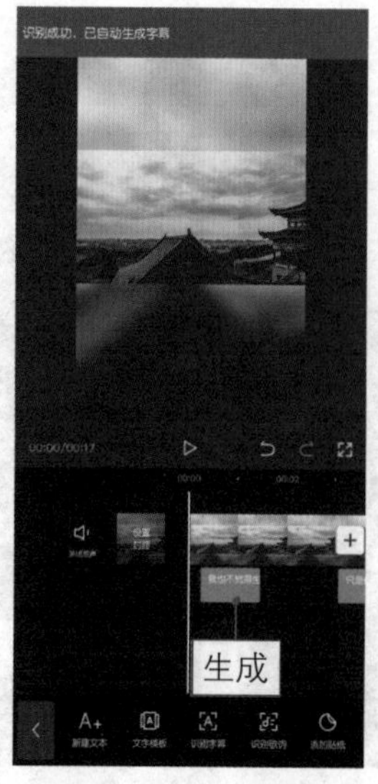

图 4–28 **生成字幕轨道**

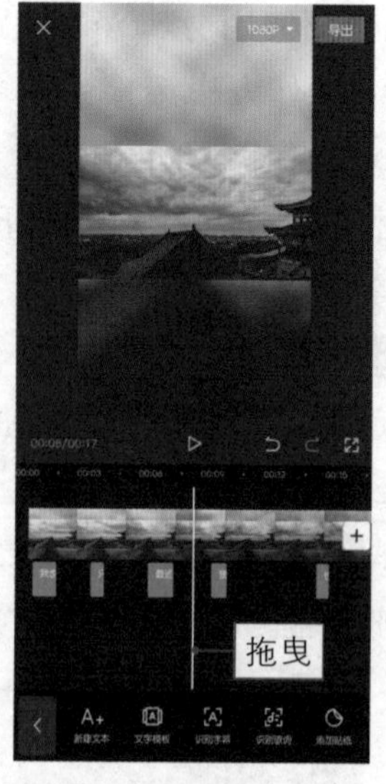

图 4–29 **查看字幕效果**

步骤 07 在时间线区域选择相应的字幕轨道，并在预览区域适当调整文字的大小，如图4–30所示。

步骤 08 点击文本框右上角的按钮，进入“样式”界面，在其中可以设置字幕的字体样式、描边、阴影及对齐方式等选项，如图4–31所示。

图 4–30　**调整文字的大小**

图 4–31　**设置字幕样式**

步骤 09 切换至“气泡”选项卡，选择一个气泡边框效果，如图4–32所示。

步骤 10 点击按钮，确认添加气泡边框效果，这样更能突出字幕内容，如图4–33所示。

图 4–32　**选择气泡边框效果**

图 4–33　**添加气泡边框效果**

038 识别歌词，添加歌词字幕

扫码看效果　扫码看教程

【效果展示】：除了可以识别短视频字幕，剪映 App 还能够自动识别音频中的歌词内容，可以非常方便地为背景音乐添加动态歌词，效果如图 4-34 所示。

图 4-34　识别歌词效果展示

下面介绍使用剪映 App 识别歌词的具体操作方法。

步骤 01 在剪映 App 中导入一段素材，❶ 添加合适的背景音乐；❷ 点击“文字”按钮，如图 4-35 所示。

步骤 02 进入“文字”编辑界面，点击“识别歌词”按钮，如图 4-36 所示。

步骤 03 执行操作后，弹出“识别歌词”对话框，点击“开始识别”按钮，如图 4-37 所示。

图 4-35　点击“文字”按钮

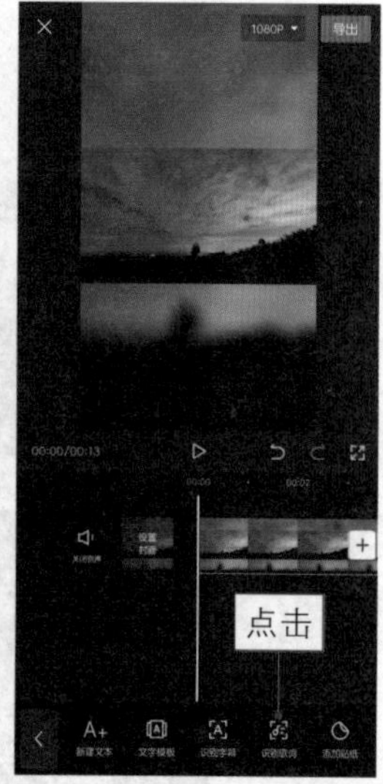

图 4-36　点击“识别歌词”按钮

★ 专家提醒 ★

如果视频中本身存在歌词，可以选中“同时清空已有歌词”按钮，快速清除原来的歌词内容。

步骤 04 执行操作后，软件开始自动识别视频背景音乐中的歌词内容，如图4-38所示。

步骤 05 稍等片刻，即可完成歌词识别，并自动生成歌词轨道，如图 4-39 所示。

步骤 06 拖曳时间轴，可以查看歌词效果。选中相应歌词，点击“样式”按钮，如图 4-40 所示。

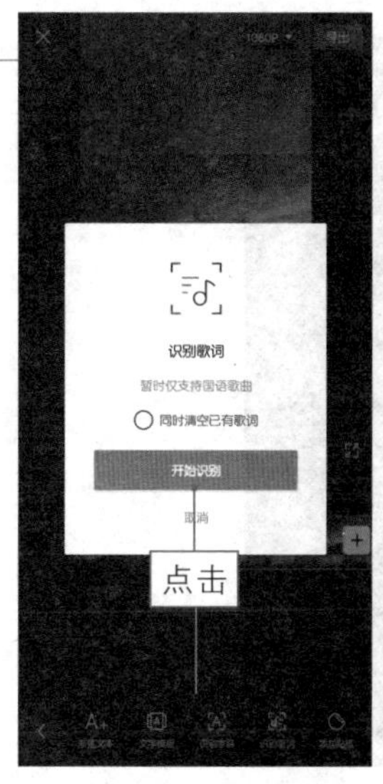

图 4-37　**点击“开始识别”按钮**

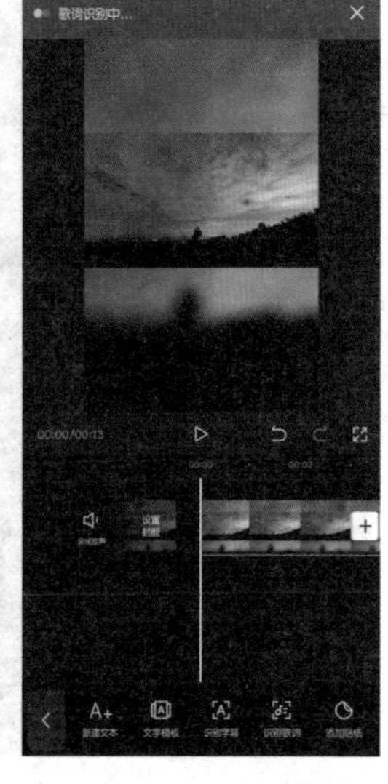

图 4-38　**开始识别歌词**

图 4-39　**生成歌词轨道**

图 4-40　**点击“样式”按钮**

步骤 07 切换至“动画”选项卡，为歌词选择一个“卡拉OK”的入场动画效果，如图4-41所示。

步骤 08 采用同样的操作方法，为其他歌词添加动画效果，如图4-42所示。

图 4-41 **选择“卡拉 OK”动画效果**

图 4-42 **为其他歌词添加动画效果**

039 添加花字，美化文字样式

扫码看效果

扫码看教程

【效果展示】：用户如果不想自己设置文字样式，剪映 App 还提供了非常多的花字样式。可以看到，添加花字样式后，文字变得更加美观，效果如图 4-43 所示。

图 4-43 **添加花字效果展示**

下面介绍使用剪映 App 添加花字样式的具体操作方法。

步骤 01 在剪映 App 中导入一段素材，点击工具栏中的“文字”按钮，如图 4–44 所示。

步骤 02 进入“文字”编辑界面，点击“新建文本”按钮，在文本框中输入符合短视频主题的文字内容，如图 4–45 所示。

步骤 03 在预览区域调整文字的位置，并设置其字体和对齐方式，如图4–46所示。

步骤 04 切换至“花字”选项卡，在其中选择一个合适的花字样式，如图 4–47 所示。

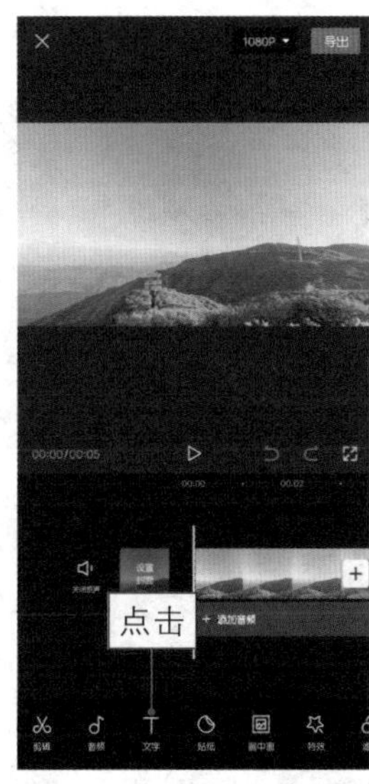

图 4–44　**点击“文字”按钮**

图 4–45　**输入文字**

图 4–46　**设置字体和对齐方式**

图 4–47　**选择“花字”样式**

040　文字气泡，制作创意文字

扫码看效果

扫码看教程

【效果展示】：剪映App中还提供了丰富的文字气泡

模板，添加文字气泡后，会更加凸显字幕，效果如图4-48所示。

图 4-48　**文字气泡效果展示**

下面介绍使用剪映 App 添加文字气泡的具体操作方法。

步骤 01 在剪映App中导入一段素材，并添加相应的文字内容，❶选择字幕轨道；❷点击“样式”按钮，如图4-49所示。

步骤 02 切换至“气泡”选项卡，选择相应的文字气泡模板，即可在预览区域中应用相应的文字气泡，效果如图4-50所示。

图 4-49　**点击“样式”按钮**

图 4-50　**选择文字气泡模板**

步骤 03 用户可以在其中多尝试一些模板，从而找到最为合适的文字气泡模板效果，如图4–51所示。

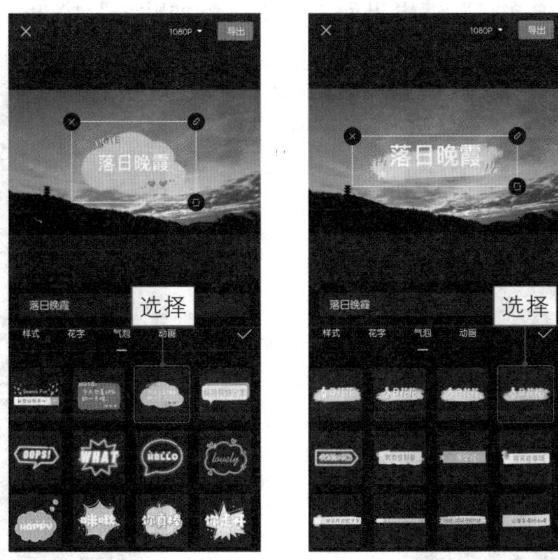

图 4–51　**更换文字气泡模板效果**

041　添加贴纸，让画面更丰富

扫码看效果

扫码看教程

【效果展示】：剪映 App 能够直接给短视频添加文字贴纸效果，让短视频画面更加精彩、有趣，吸引大家的目光，效果如图 4–52 所示。

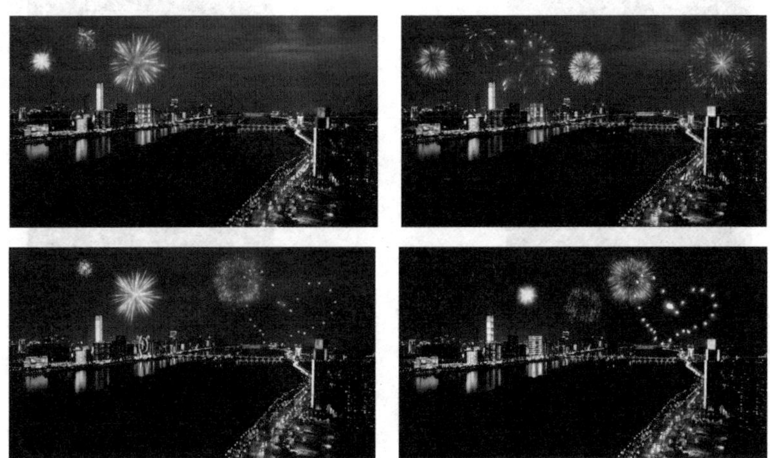

图 4–52　**添加贴纸效果展示**

下面介绍使用剪映 App 添加贴纸的具体操作方法。

步骤 01 在剪映App中导入一段素材，点击“文字”按钮，如图4-53所示。

步骤 02 进入“文字”编辑界面，点击“添加贴纸”按钮，如图4-54所示。

图 4-53　**点击“文字”按钮**

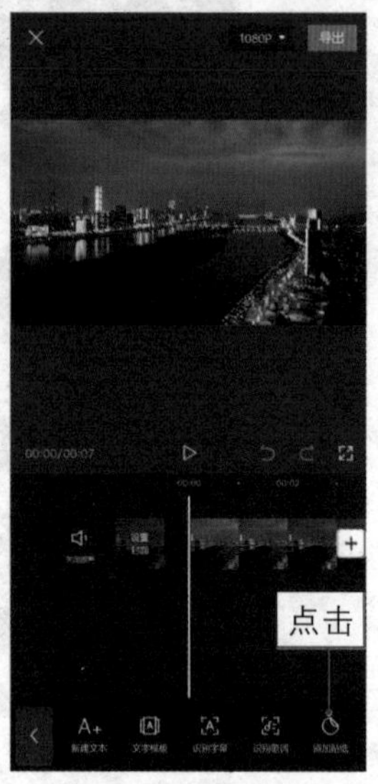

图 4-54　**点击“添加贴纸”按钮**

步骤 03 执行操作后，进入“添加贴纸”界面，下方提供了非常多的贴纸模板，如图4-55所示。

步骤 04 选择一个合适的贴纸，即可自动添加到视频画面中，如图 4-56 所示。

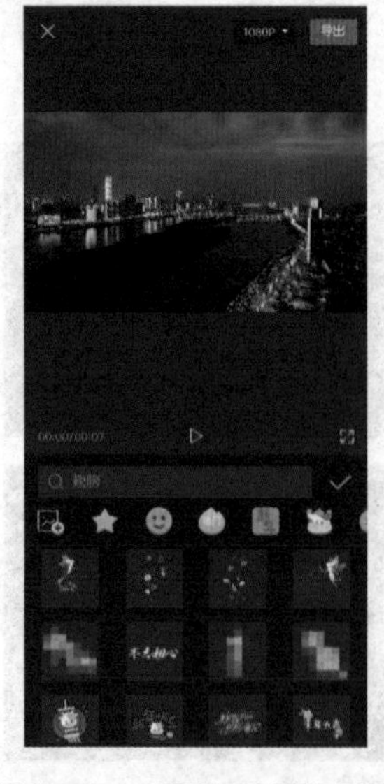

图 4-55　**“添加贴纸”界面**

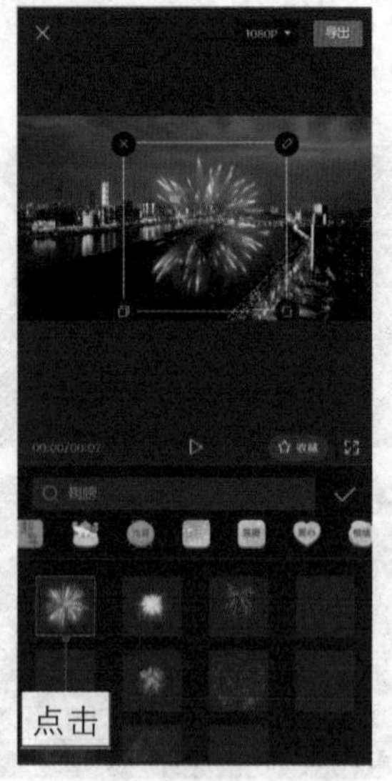

图 4-56　**添加贴纸**

步骤 05 在预览区域调整贴纸的位置和大小，如图4–57所示。

步骤 06 采用同样的方法还可添加多个贴纸。贴纸添加完成后，在时间线区域调整贴纸的持续时长和出现位置，如图4–58所示。

图 4–57　**调整贴纸的位置和大小**

图 4–58　**调整贴纸的出现位置**

042　文字动画，让文字更灵动

扫码看效果

扫码看教程

【效果展示】：文字动画也是一种非常新颖、火爆的文字形式。可以看到，爱心在文字上跳动之后消失，文字向右边慢慢擦除的效果，如图 4–59 所示。

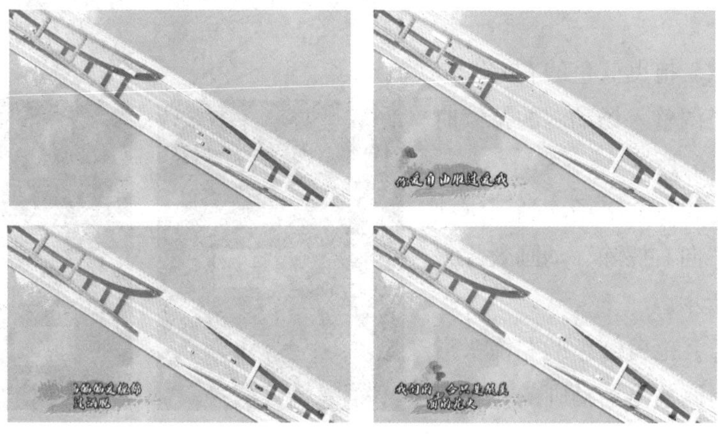

图 4–59　**文字动画效果展示**

下面介绍使用剪映 App 添加文字动画效果的具体操作方法。

步骤 01 在剪映App中导入一段素材，添加并设置相应的文字样式效果，如图4–60所示。

步骤 02 切换至“气泡”选项卡，❶选择一个合适的气泡样式模板；❷在预览区域调整模板的位置和大小，让短视频的文字主题更加突出，效果如图4–61所示。

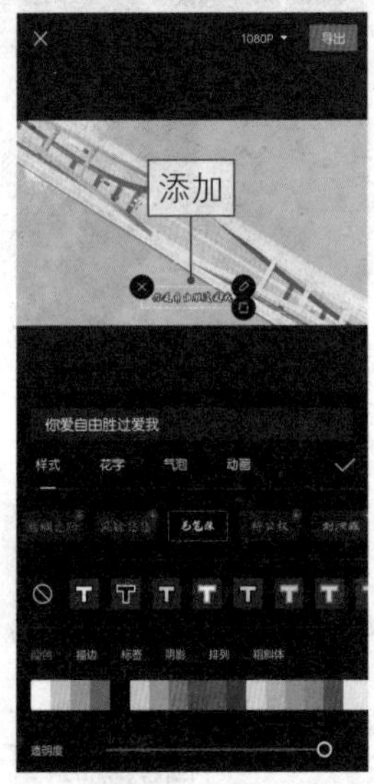

图 4–60 **添加并设置文字样式效果**

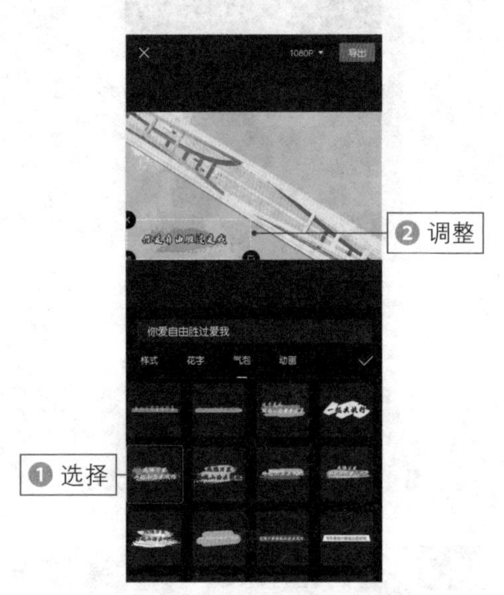

图 4–61 **调整气泡样式模板**

步骤 03 切换至“动画”选项卡，在“入场动画”选项卡中选择“爱心弹跳”动画效果，如图4–62所示。

步骤 04 拖曳蓝色的右箭头滑块，适当调整入场动画的持续时间，如图4–63所示。

步骤 05 在“出场动画”选项卡中选择“向右擦除”动画效果，如图4–64所示。

步骤 06 拖曳红色的左箭头滑块，适当调整出场动画的持续时间，如图4–65所示。

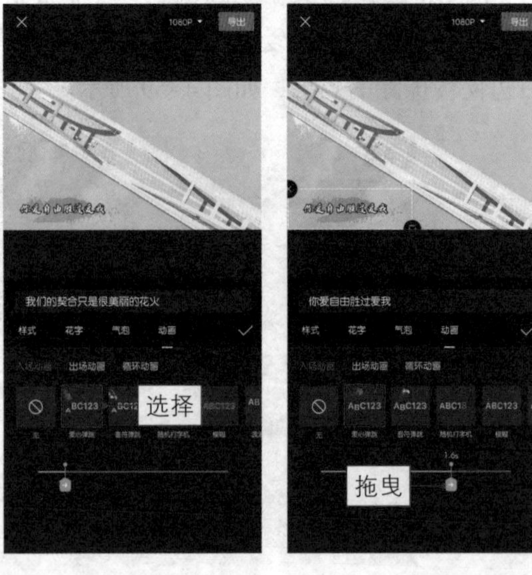

图 4–62 **选择入场动画** 图 4–63 **调整持续时间 1**

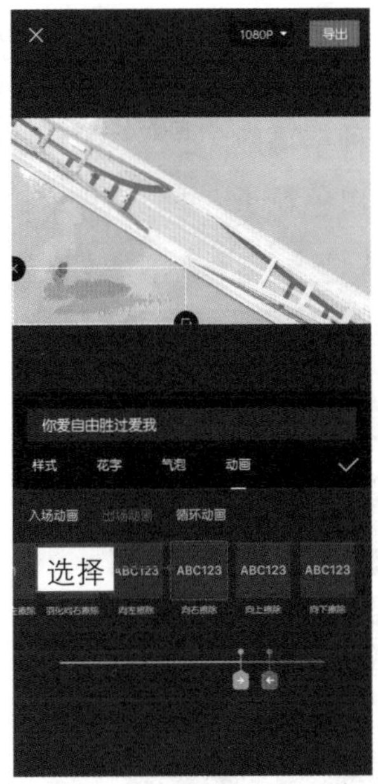

图 4–64　**选择出场动画**

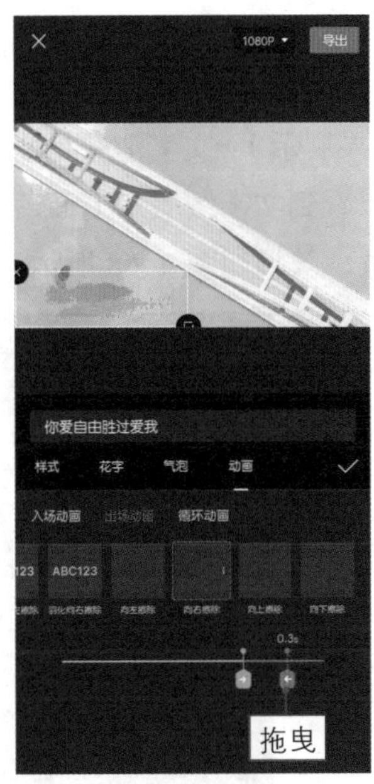

图 4–65　**调整持续时间 2**

步骤 07 点击✓按钮返回，❶选择第2段字幕轨道；❷点击工具栏中的“动画”按钮，如图4–66所示。

步骤 08 采用同样的操作方法，为其余字幕添加文字动画，如图4–67所示。

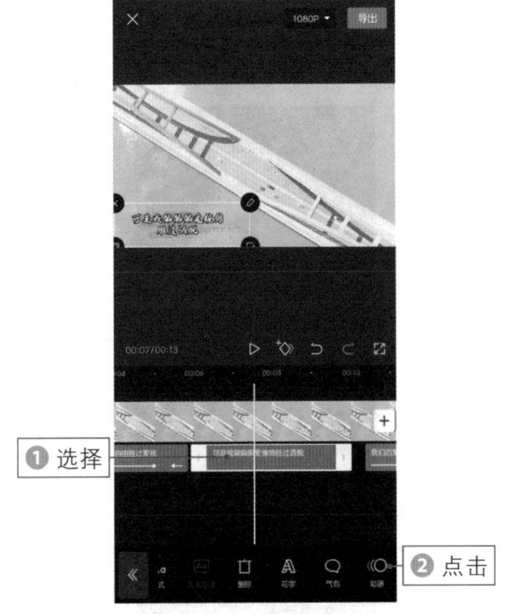

图 4–66　**点击“动画”按钮**

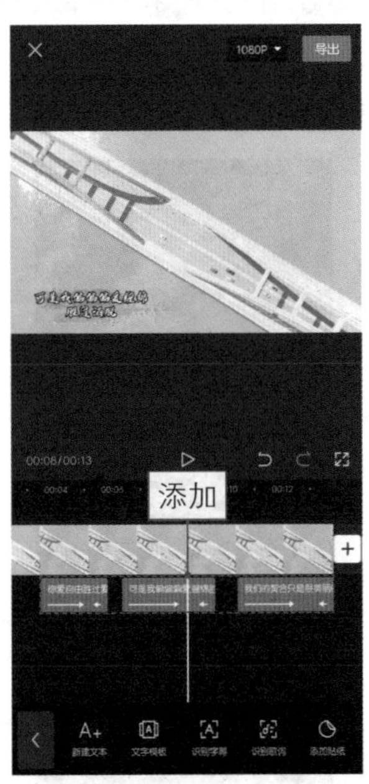

图 4–67　**为其余字幕添加文字动画**

043 文字消散，让字幕更独特

扫码看效果

扫码看教程

【效果展示】：文字消散是非常浪漫唯美的一种字幕效果，可以看到文字缓缓从上面落下来，接着变成白色粒子飞散出去，效果如图 4-68 所示。

图 4-68 **文字消散效果展示**

下面介绍使用剪映 App 制作文字消散效果的具体操作方法。

步骤 01 在剪映App中导入一段素材，❶拖曳时间轴至合适位置；❷点击“文字”按钮，如图4-69所示。

步骤 02 进入“文字”编辑界面，点击“新建文本”按钮，如图4-70所示。

图 4-69 **点击“文字”按钮**

图 4-70 **点击“新建文本”按钮**

步骤 03 在文本框中输入相应的文字内容，如图4-71所示。

步骤 04 点击✓按钮添加文字内容，点击“样式”按钮，如图4-72所示。

图 4-71　**输入文字内容**

图 4-72　**点击“样式”按钮**

步骤 05 执行操作后，进入“样式”编辑界面，选择一个合适的字体样式，如图4-73所示。

步骤 06 ❶切换至“阴影”选项卡；❷选择一个合适的阴影颜色；❸拖曳“透明度”选项的白色圆环滑块，调整阴影的应用程度，如图4-74所示。

图 4-73　**选择字体样式**

图 4-74　**调整阴影的应用程度**

步骤 07 切换至“动画”选项卡，在“入场动画”选项卡中选择“向下滑动”动画效果，如图4-75所示。

步骤 08 拖曳底部的图标，将动画的持续时长设置为 0.8s，如图 4-76 所示。

图 4-75 **选择“向下滑动”动画效果**

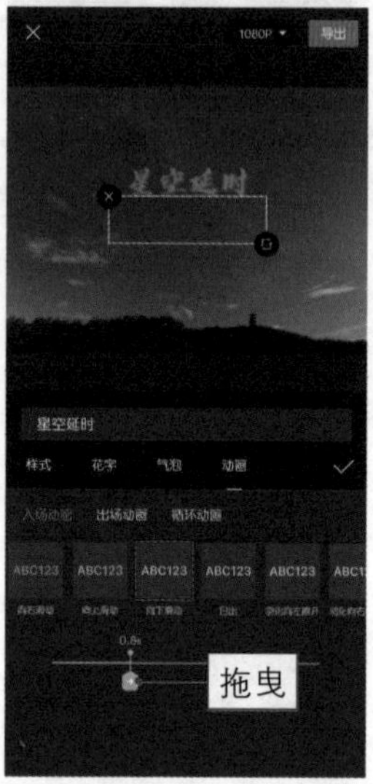

图 4-76 **设置动画的持续时长 1**

步骤 09 切换至“出场动画”选项，选择“打字机II”动画效果，如图4-77所示。

步骤 10 拖曳底部的图标，将动画的持续时长设置为 2.0s，如图 4-78 所示。

图 4-77 **选择“打字机 II”动画效果**

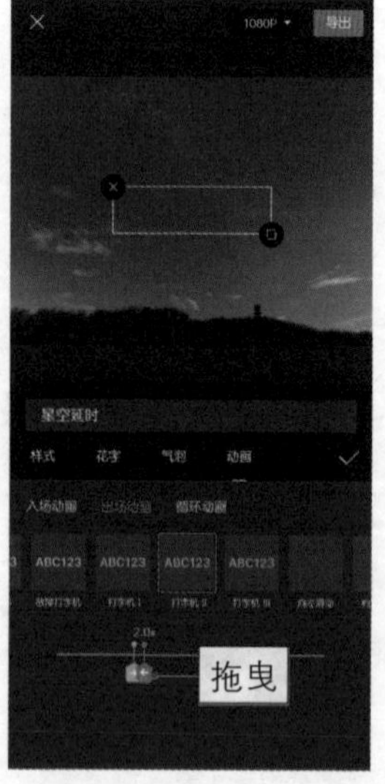

图 4-78 **设置动画的持续时长 2**

步骤 11 点击✓按钮返回，依次点击一级工具栏中的“画中画”按钮，再点击“新增画中画”按钮，添加一个粒子素材，点击下方工具栏中的“混合模式”按钮，如图4-79所示。

步骤 12 执行操作后，选择“滤色”选项，如图4-80所示。

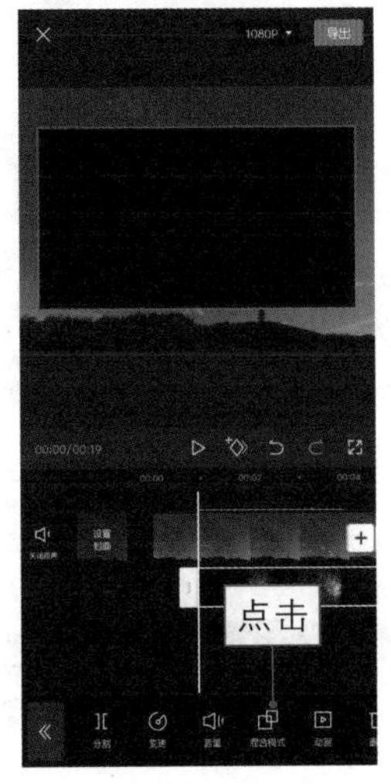

图 4-79　**点击“混合模式”按钮**

图 4-80　**选择“滤色”选项**

步骤 13 点击✓按钮返回，拖曳粒子素材的视频轨道至文字下滑后停住的位置，如图4-81所示。

步骤 14 选中粒子素材的视频轨道，调整视频画面的大小，使其铺满整个画面，如图4-82所示。

图 4-81　**拖曳粒子素材**

图 4-82　**调整粒子素材的画面大小**

044 移动文字，缩小移动字幕

扫码看效果

扫码看教程

【效果展示】：移动文字一般作为片头字幕出现，文字首先通过缩小动画进入画面，接着从画面的中间位置移动到右下角，效果如图 4-83 所示。

图 4-83　**移动文字效果展示**

下面介绍使用剪映 App 制作移动文字的具体操作方法。

步骤 01 在剪映App中导入一段素材，点击“文字”按钮，如图4-84所示。

步骤 02 打开“文字”二级工具栏，点击“新建文本”按钮，如图 4-85 所示。

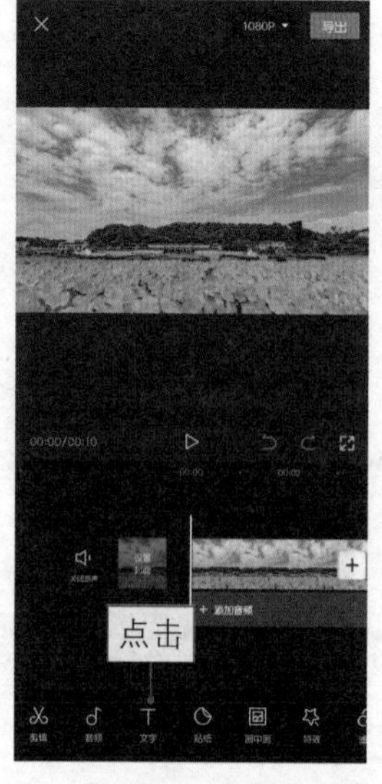

图 4-84　**点击“文字”按钮**

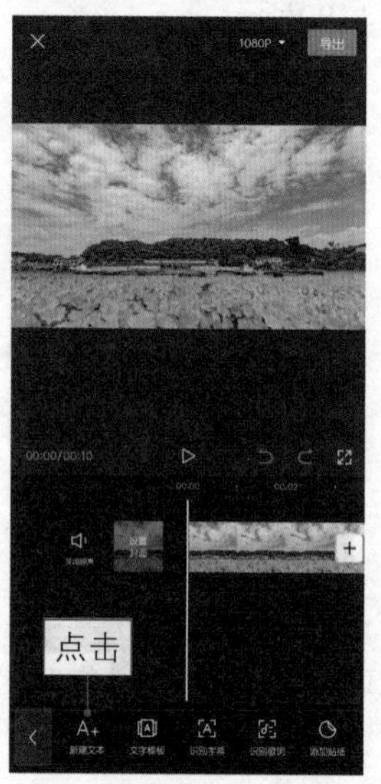

图 4-85　**点击“新建文本”按钮**

步骤 03 ❶在文本框中输入符合短视频主题的文字内容；❷选择合适的字体样式；❸点击“排列”按钮，如图4-86所示。

步骤 04 ❶在“排列”选项卡中选择合适的排列方式；❷点击“动画”按钮，如图4-87所示。

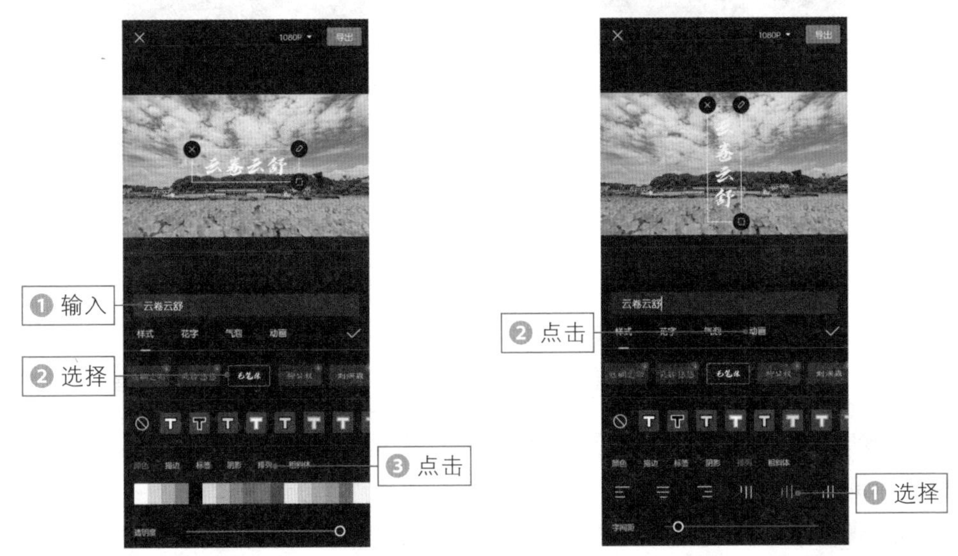

图 4-86　**点击“排列”按钮**　　图 4-87　**点击“动画”按钮**

步骤 05 ❶ 在“入场动画”选项卡中选择“缩小”动画效果；❷ 拖曳滑块，调整动画的持续时长，将其时长设置为 1.5s，如图 4-88 所示。

步骤 06 点击✓按钮添加动画效果，❶ 拖曳时间轴至缩小动画效果的结束位置；❷ 点击«按钮，如图 4-89 所示。

步骤 07 再次点击“新建文本”按钮，如图 4-90 所示。

步骤 08 ❶ 在文本框中输入相应的文字内容；❷ 在预览区域缩小文本框，并将其拖曳至第一个文本框的右下角；❸ 点击“气泡”按钮，如图 4-91 所示。

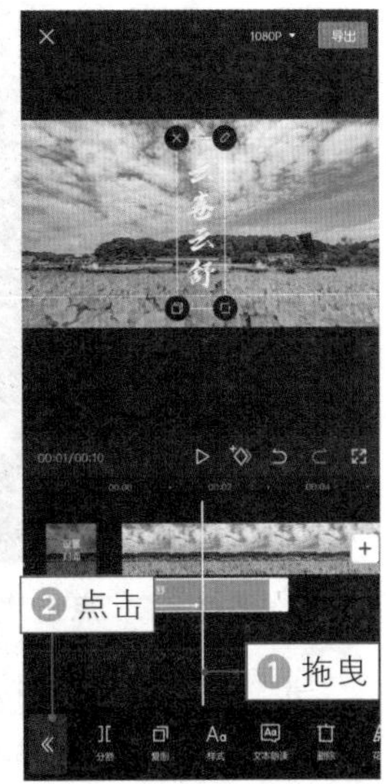

图 4-88　**调整动画时长**　图 4-89　**点击相应按钮**

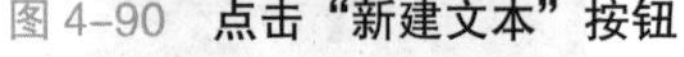
图 4-90 **点击“新建文本”按钮**

图 4-91 **点击“气泡”按钮**

步骤 09 ❶在“气泡”选项卡中选择一个合适的气泡样式；❷点击“动画”按钮，如图4-92所示。

步骤 10 在“入场动画”选项卡中选择“渐显”动画效果，如图4-93所示。

图 4-92 **点击“动画”按钮**

图 4-93 **选择“渐显”动画效果**

步骤 11 点击✓按钮返回，拖曳文字轨道右侧的白色拉杆，调整两条文字轨道的时长，使其与视频时长一致，如图4-94所示。

步骤 12 ❶拖曳时间轴至第2条文字轨道的动画结束位置；❷点击◇按钮，

添加一个关键帧，如图4-95所示。

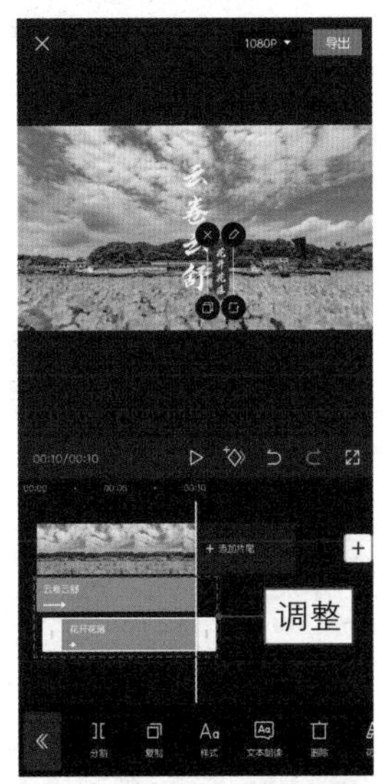

图 4-94　**调整两条文字轨道的时长**

图 4-95　**添加关键帧**

步骤 13 ❶选择第1条文字轨道，也为其添加一个关键帧；❷拖曳时间轴至文字移动结束的位置，如图4-96所示。

步骤 14 ❶在预览区域缩小两个文本框，并将其拖曳至右下角；❷自动生成关键帧，如图4-97所示。

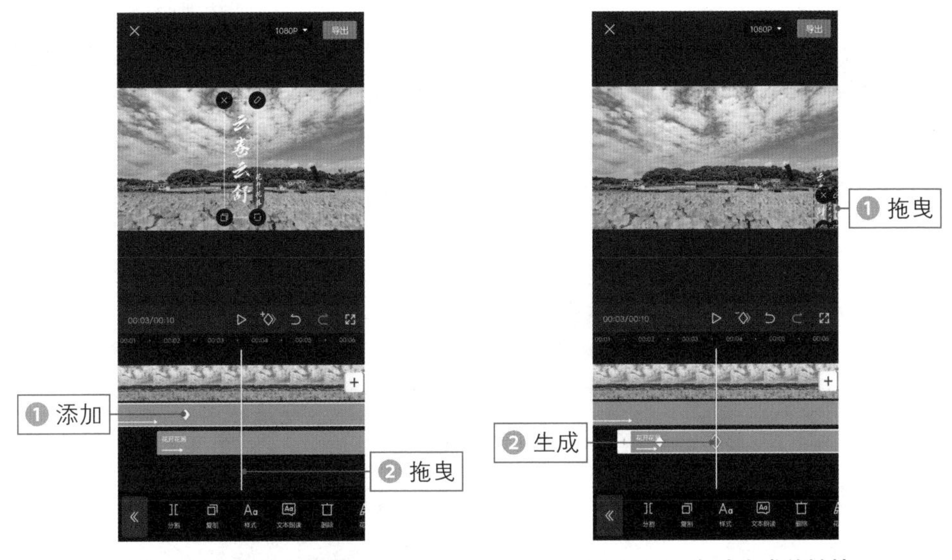

图 4-96　**拖曳时间轴**

图 4-97　**自动生成关键帧**

步骤 15 ❶拖曳时间轴至第2条文字轨道的起始位置；❷依次点击"音频"

按钮和“音效”按钮，如图4-98所示。

步骤16 ❶切换至“转场”选项卡；❷选择“‘咻’2”音效；❸点击“使用”按钮，如图4-99所示。

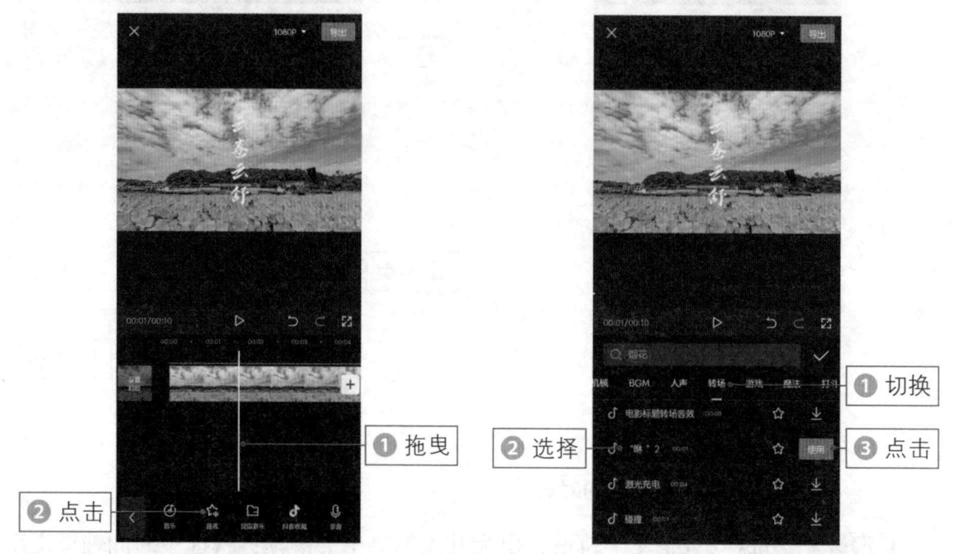

图 4-98 **点击“音效”按钮**

图 4-99 **点击“使用”按钮**

045 旋转文字，动态歌词效果

扫码看效果

扫码看教程

【效果展示】：旋转文字主要使用剪映App的识别歌词功能和旋转飞入动画制作而成，适合用来制作歌词字幕，动感十足，效果如图4-100所示。

图 4-100 **旋转文字效果展示**

下面介绍使用剪映 App 制作旋转文字的具体操作方法。

步骤 01 在剪映 App 中导入一段素材，并添加合适的背景音乐，点击“比例”按钮，如图 4–101 所示。

步骤 02 选择 9：16 选项，如图 4–102 所示。

步骤 03 点击按钮返回，依次点击“背景”按钮和“画布模糊”按钮，如图 4–103 所示。

步骤 04 进入“画布模糊”界面，选择第 2 个模糊效果，如图 4–104 所示。

图 4–101　**点击“比例”按钮**

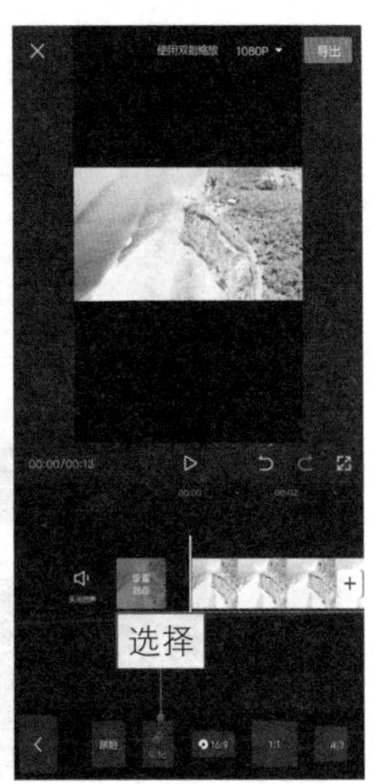

图 4–102　**选择 9：16 选项**

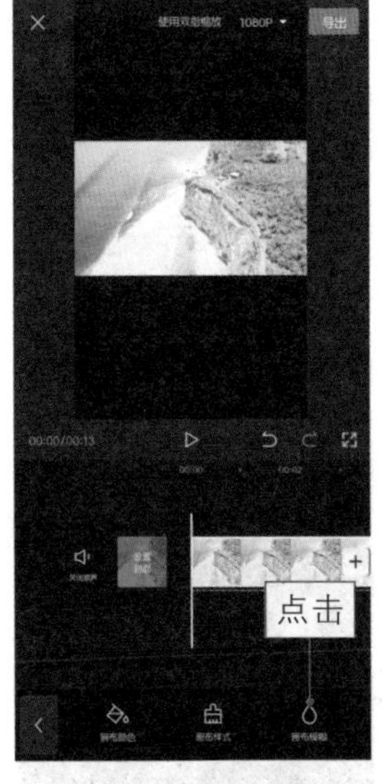

图 4–103　**点击“画布模糊”按钮**

图 4–104　**选择模糊效果**

步骤 05 点击按钮返回，依次点击“文字”按钮和“识别歌词”按钮，如图4–105所示。

步骤 06 执行操作后，弹出“识别歌词”对话框；点击“开始识别”按钮，如图4–106所示。

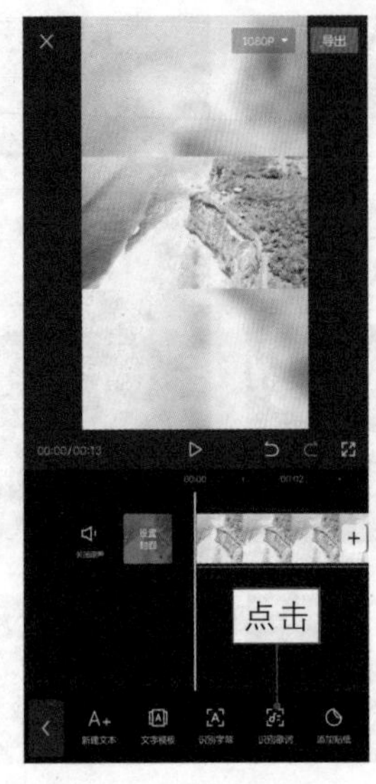

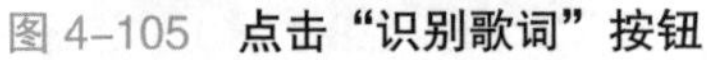

图 4-105　**点击“识别歌词”按钮**

图 4-106　**点击“开始识别”按钮**

步骤 07 稍等一会，即可自动生成歌词字幕，如图4-107所示。

步骤 08 ❶选择歌词字幕轨道；❷点击“样式”按钮，如图4-108所示。

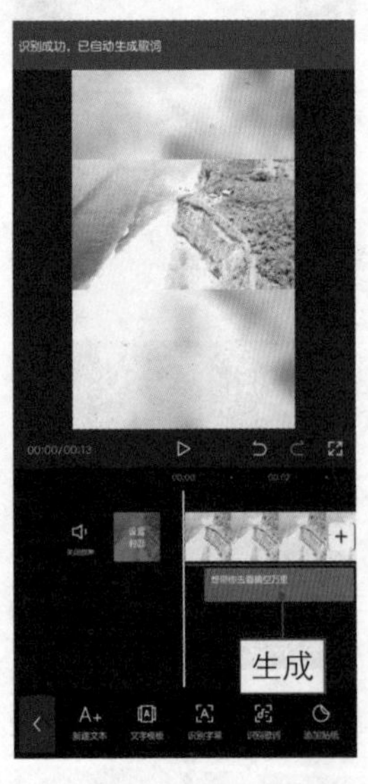

图 4-107　**生成歌词字幕**

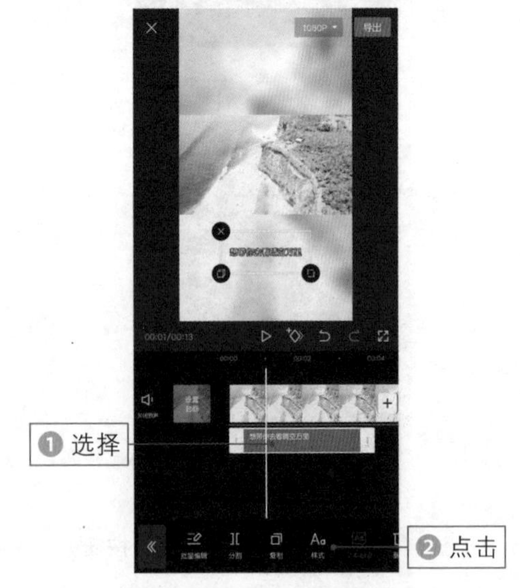

图 4-108　**点击“样式”按钮**

步骤 09 ❶ 在预览区域调整歌词字幕的大小；❷ 切换至“花字”选项卡；❸ 选择一个合适的花字样式，如图 4-109 所示。

步骤 10 点击✓按钮返回，点击工具栏中的“动画”按钮，如图4-110所示。

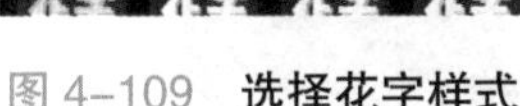

图 4–109　**选择花字样式**

图 4–110　**点击“动画”按钮**

步骤 11 ❶在“入场动画”选项卡中选择“旋转飞入”动画效果；❷拖曳按钮，调整动画的持续时长，将其拖曳至最右侧，如图4–111所示。

步骤 12 点击按钮返回，采用同样的操作方法，为其余的歌词字幕添加动画效果，如图4–112所示。

图 4–111　**调整动画时长**

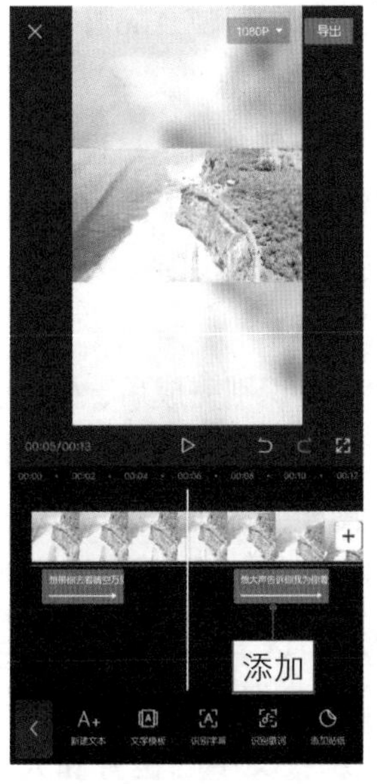

图 4–112　**为其余歌词字幕添加动画效果**

046 飞入文字，效果唯美易做

扫码看效果 扫码看教程

【效果展示】：飞入文字主要使用剪映 App 的识别歌词功能和随机飞入动画制作而成，这种文字效果同样适合用来制作歌词字幕，效果如图 4–113 所示。

图 4–113 **飞入文字效果展示**

下面介绍使用剪映 App 制作飞入文字的操作方法。

步骤 01 在剪映 App 中导入一段素材，依次点击“文字”按钮和“识别歌词”按钮，如图 4–114 所示。

步骤 02 弹出“识别歌词”对话框，点击“开始识别”按钮，如图 4–115 所示。

步骤 03 识别完成后，❶ 选择第 1 段文字轨道；❷ 点击“样式”按钮，如图 4–116 所示。

步骤 04 ❶ 选择一个合适的字体样式；❷ 切换至“排列”选项卡，选择一个合适的排列样式；❸ 在预览区域调整文字的位置和大小，如图 4–117 所示。

图 4–114 **点击“识别歌词”按钮**

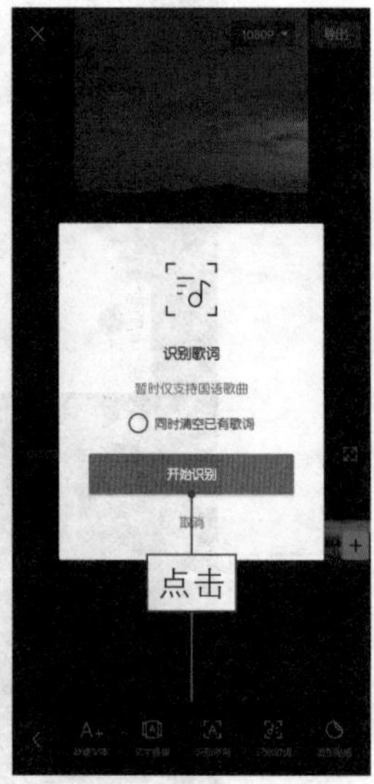

图 4–115 **点击“开始识别”按钮**

图 4–116　**点击"样式"按钮**　　　　图 4–117　**调整文字的位置和大小**

步骤 05 切换至"动画"选项卡，❶在"入场动画"选项卡中选择"随机飞入"动画；❷拖曳滑块，调整动画时长，如图4–118所示。

步骤 06 ❶ 在"出场动画"选项卡中选择"波浪弹出"动画；❷ 拖曳滑块，调整动画时长，如图 4–119 所示。最后，采用同样的操作方法为其余文字添加动画效果。

图 4–118　**调整动画时长 1**　　　　图 4–119　**调整动画时长 2**

047 错开文字，既新颖又美观

扫码看效果　扫码看教程

【效果展示】：错开文字是一种具有创意的字幕，适合用来制作歌词字幕，非常新颖美观，效果如图 4–120 所示。

图 4–120　**错开文字效果展示**

下面介绍使用剪映 App 制作错开文字的具体操作方法。

步骤 01 在剪映App中导入一段素材，并添加合适的背景音乐。依次点击“文字”按钮和“新建文本”按钮，如图4–121所示。

步骤 02 ❶在文本框中输入第一句歌词的前两个字；❷选择合适的字体样式；❸在预览区域调整文字的位置和大小；❹选择黄色的字体颜色，如图4–122所示。

步骤 03 ❶ 返回并点击“新建文本”按钮，在文本框中输入第一句歌词的第 3 个和第 4 个文字；❷ 在预览区域调整文字的位置和大小，如图 4–123 所示。

步骤 04 返回并点击“新建文本”按钮，❶输入剩下的歌词，并

图 4–121　**点击“新建文本”按钮**

图 4–122　**选择字体颜色**

将其分成两行；❷选择白色的字体颜色，如图4–124所示。

图 4–123　**调整文字的位置和大小 1**

图 4–124　**选择字体颜色**

步骤 05　❶切换至“排列”选项卡；❷选择向左对齐样式；❸在预览区域调整文字的位置和大小，如图4–125所示。

步骤 06　❶返回并点击“新建文本”按钮，输入破折号用来作装饰；❷在预览区域调整其位置和大小，如图4–126所示。

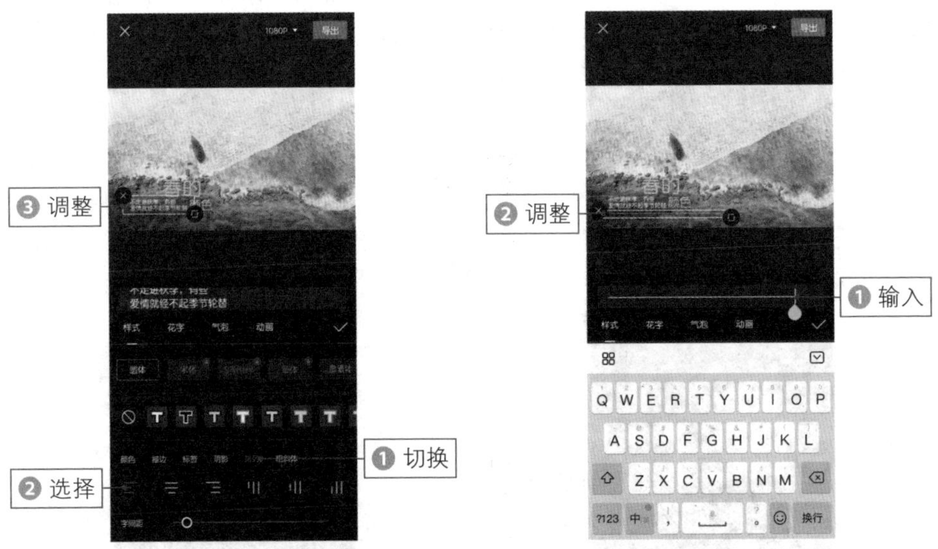

图 4–125　**调整文字的位置和大小 2**

图 4–126　**调整破折号的位置和大小**

步骤 07 返回并点击“添加贴纸”按钮，如图4-127所示。

步骤 08 ❶切换至电源键选项卡；❷选择一个声波贴纸；❸在预览区域调整贴纸的位置和大小，如图4-128所示。

图 4-127 点击“添加贴纸”按钮

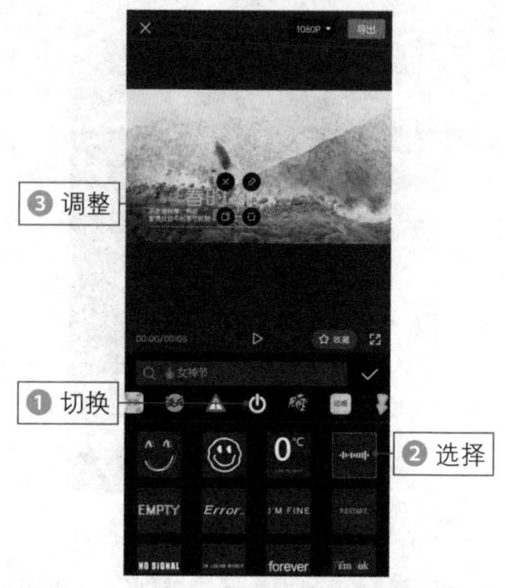

图 4-128 调整贴纸的位置和大小 1

步骤 09 ❶切换至音符选项卡；❷选择一个耳机音乐贴纸；❸在预览区域调整贴纸的位置和大小，如图4-129所示。

步骤 10 返回并拖曳所有文字轨道和贴纸轨道右侧的白色拉杆，调整文字和贴纸的持续时长，使其与视频时长一致，如图4-130所示。

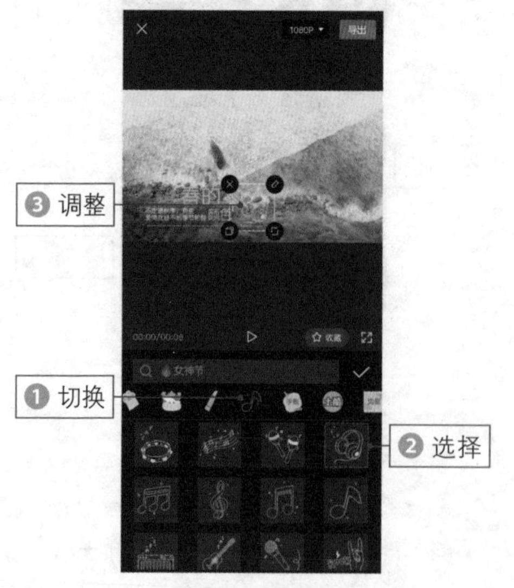

图 4-129 调整贴纸的位置和大小 2

图 4-130 调整文字和贴纸的持续时长

048 切割文字，炫酷霸气字幕

扫码看效果　扫码看教程

【效果展示】：切割文字主要使用剪映 App 的蒙版和关键帧制作而成，文字从斜对角被切割开，非常炫酷，效果如图 4–131 所示。

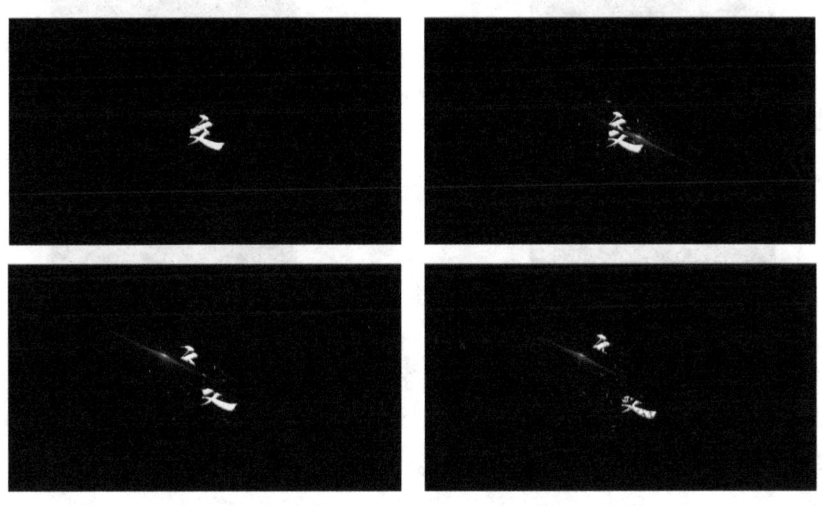

图 4–131　**切割文字效果展示**

下面介绍使用剪映 App 制作切割文字的具体操作方法。

步骤 01 在剪映 App 中导入“素材库”中的黑色背景素材，依次点击“文字”按钮和“新建文本”按钮，如图 4–132 所示。

步骤 02 在文本框中输入文字内容，如图 4–133 所示。

步骤 03 ❶ 选择合适的字体样式；❷ 适当调整文字大小；❸ 点击“动画”按钮，如图 4–134 所示。

步骤 04 ❶ 切换至“出场动画”选项卡；❷ 选择“溶解”动画；❸ 点击“导出”按钮，如图 4–135 所示。

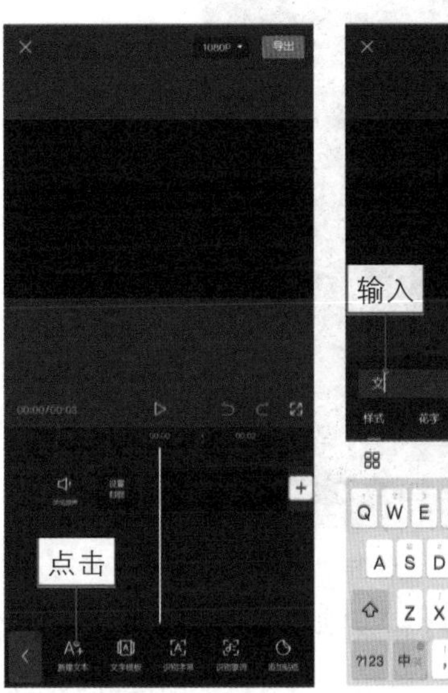

图 4–132　**点击“新建文本”按钮**　图 4–133　**输入文字内容**

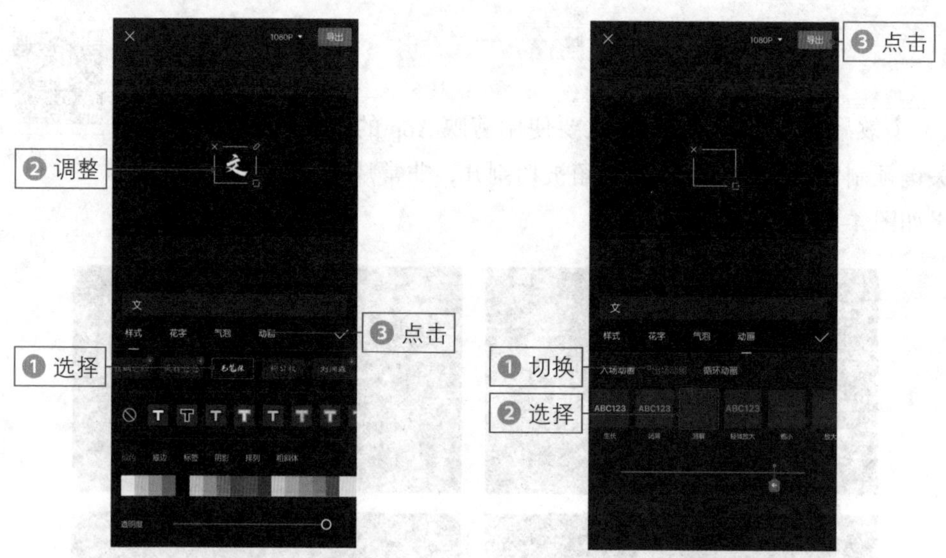

图 4–134　**点击“动画”按钮**　　　　图 4–135　**点击“导出”按钮**

步骤 05 导出完成后，❶ 返回并选择文字轨道；❷ 点击“删除”按钮，如图 4–136 所示。

步骤 06 依次点击“画中画”按钮和“新增画中画”按钮，如图 4–137 所示。

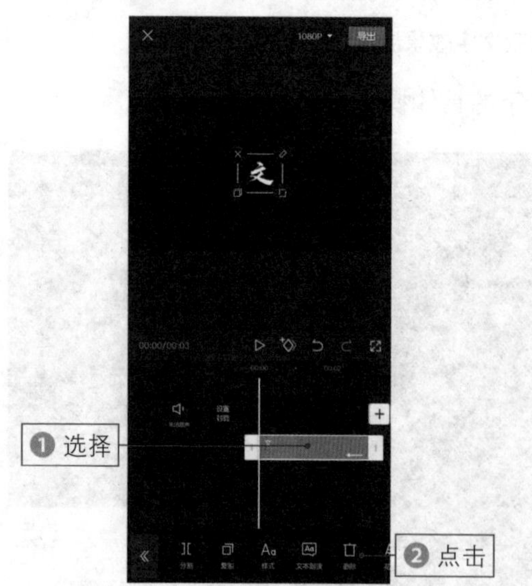

图 4–136　**点击“删除”按钮**

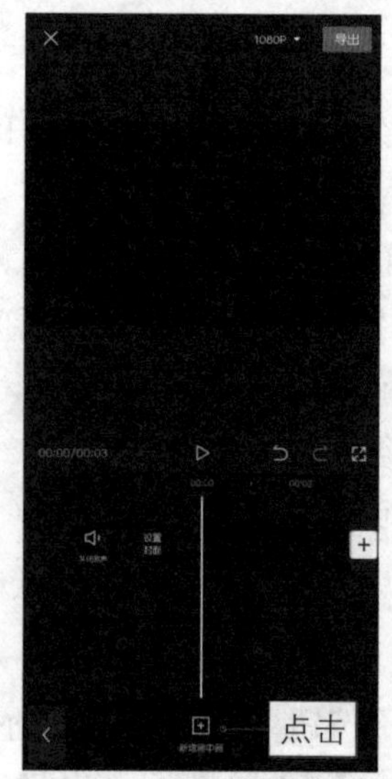

图 4–137　**点击“新增画中画”按钮**

步骤 07 ❶导入刚刚导出的文字素材，在预览区域调整画面大小，使其占满屏幕；❷点击“蒙版”按钮，如图4–138所示。

步骤 08 执行操作后，❶进入“蒙版”界面，选择“线性”蒙版；❷顺时针旋转蒙版至25°，如图4-139所示。

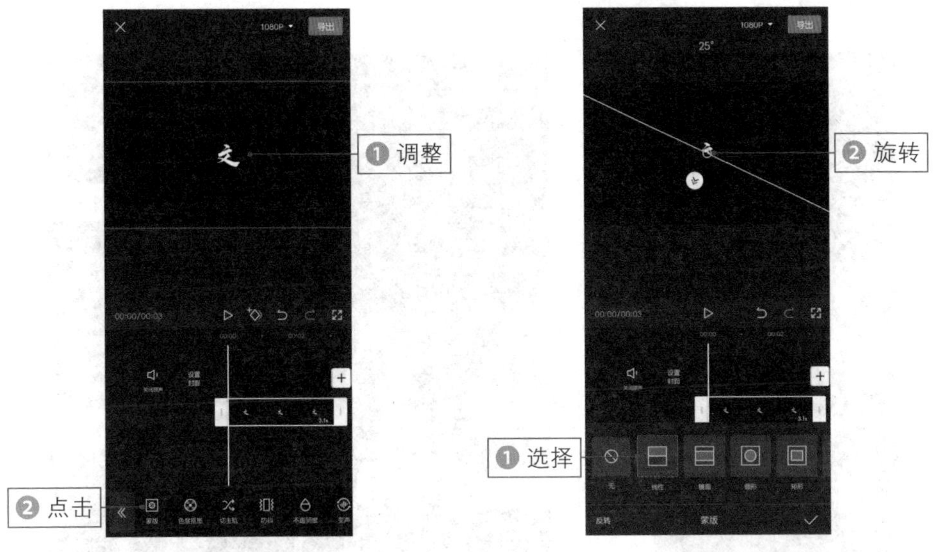

图 4-138　**点击“蒙版”按钮 1**　　图 4-139　**旋转蒙版**

步骤 09 返回并点击“复制”按钮，如图4-140所示。

步骤 10 ❶将复制的文字轨道拖曳至原轨道下方；❷选择复制的文字轨道；❸点击“蒙版”按钮，如图4-141所示。

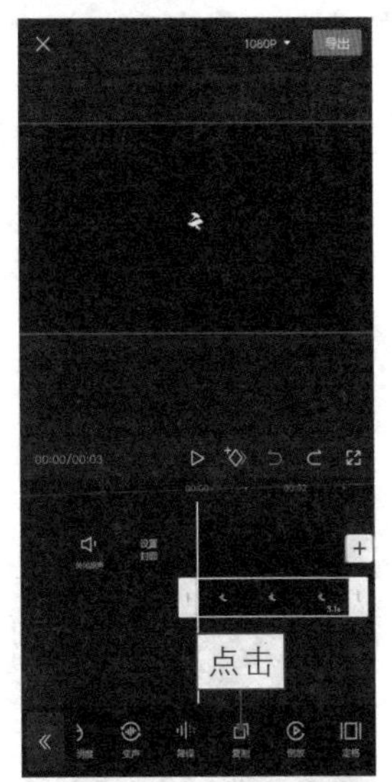

图 4-140　**点击“复制”按钮**

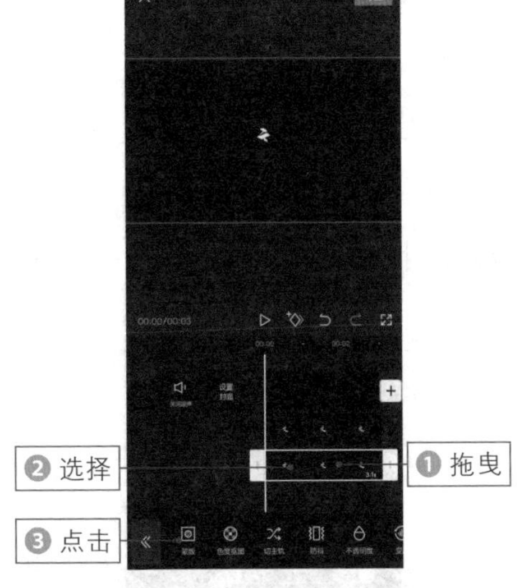

图 4-141　**点击“蒙版”按钮 2**

步骤 11 点击“反转”按钮，如图4-142所示。

步骤 12 ❶返回并拖曳时间轴至文字轨道的中间位置；❷分别为两条文字轨

道添加关键帧；❸适当将时间轴向右拖曳一点；❹在预览区域适当调整两个文字的位置，如图4-143所示。

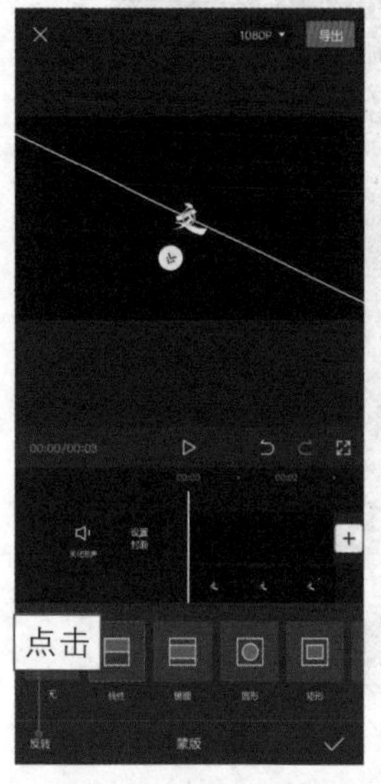

图 4-142 **点击“反转”按钮**

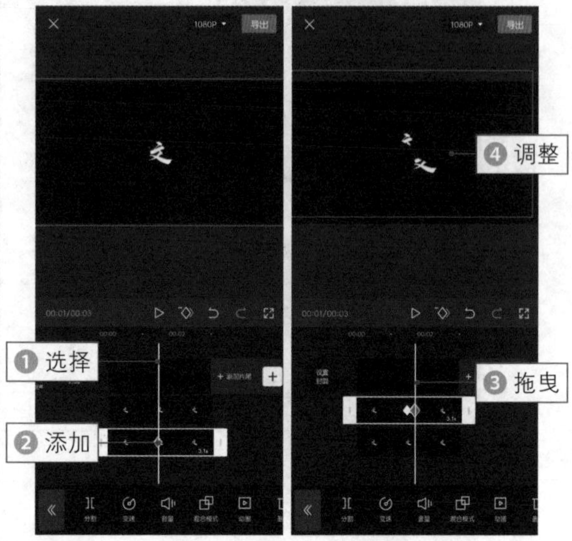

图 4-143 **调整文字位置 1**

步骤 13 ❶将时间轴拖曳至文字轨道快结束的位置；❷在预览区域适当调整文字被分割的距离，如图4-144所示。

步骤 14 ❶返回并拖曳时间轴至第1个关键帧的位置；❷点击“新增画中画”按钮，导入红眼素材；❸点击“混合模式”按钮，如图4-145所示。

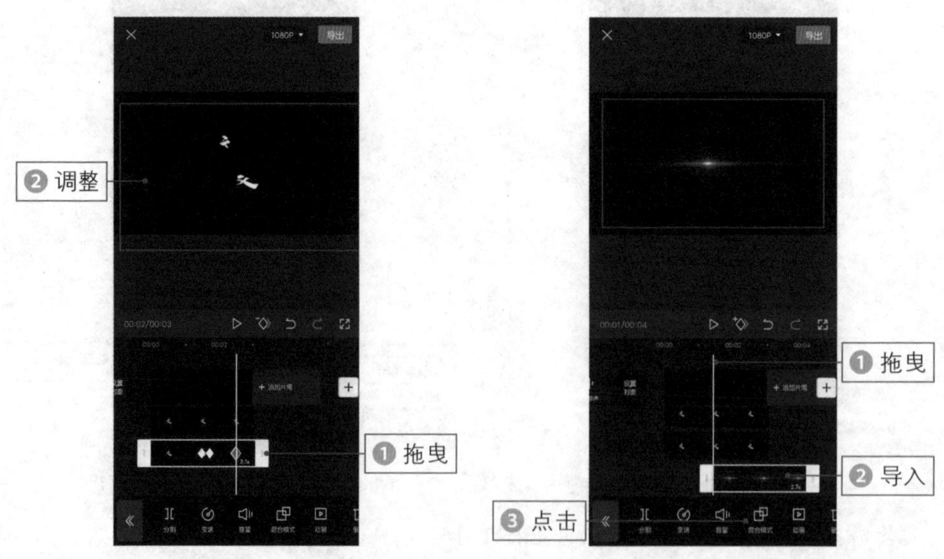

图 4-144 **调整文字位置 2**

图 4-145 **点击“混合模式”按钮**

步骤15 ❶选择“滤色”选项；❷在预览区域调整红眼素材的位置和大小，如图4–146所示。

步骤16 ❶返回并点击关键帧按钮，添加一个关键帧；❷适当将时间轴向右拖曳一点；❸调整红眼素材的位置，如图4–147所示。

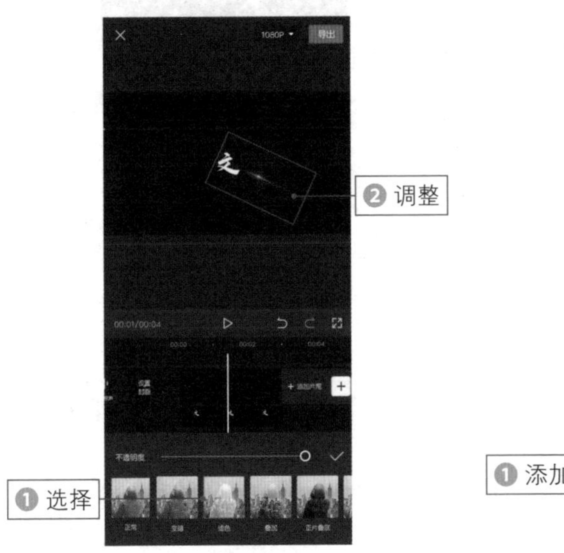

图 4–146　调整素材的位置和大小 1

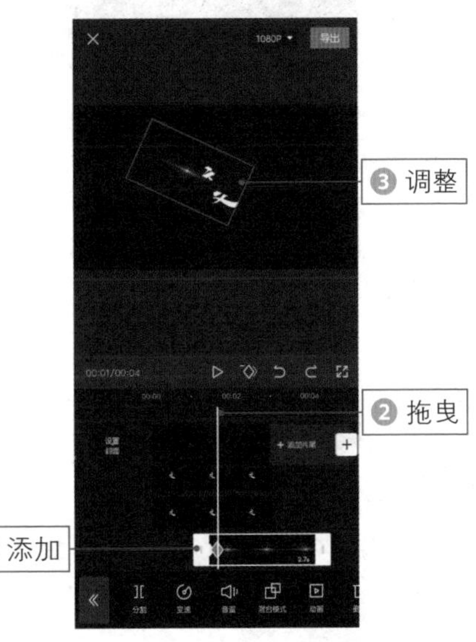

图 4–147　调整素材位置

步骤17 ❶ 删除多余的红眼素材轨道；❷ 依次点击“动画”按钮和“出场动画”按钮，如图 4–148 所示。

步骤18 进入“出场动画”界面，选择“渐隐”动画，如图 4–149 所示。

步骤19 ❶ 返回并拖曳时间轴至第 1 个关键帧的位置；❷ 点击“新增画中画”按钮，导入字体分散素材；❸ 点击“混合模式”按钮，如图 4–150 所示。

步骤20 ❶ 选择“滤色”选项；❷ 在预览区域调整素材的位置和

图 4–148　点击“出场动画”按钮

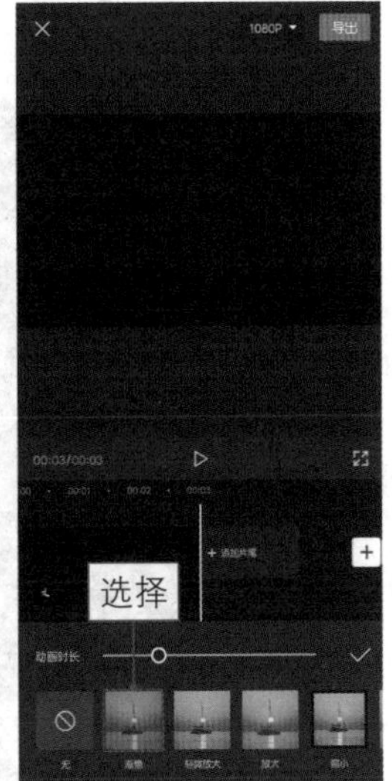

图 4–149　选择“渐隐”动画

大小，如图 4-151 所示。删除多余的轨道，采用同样的操作方法，为字体分散素材添加一个“出场动画”选项卡中的“渐隐”动画。

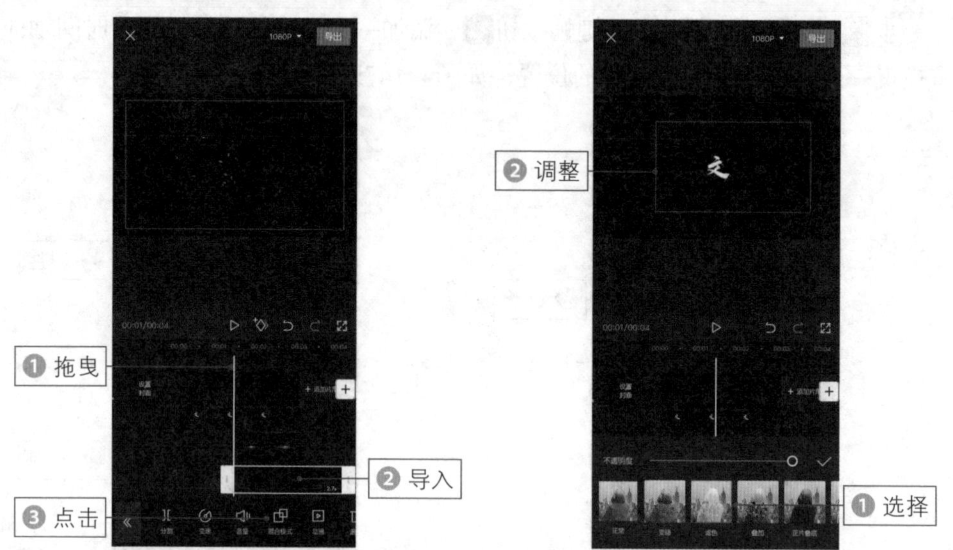

图 4-150　**点击“混合模式”按钮**

图 4-151　**调整素材的位置和大小 2**

步骤21 返回并依次点击“音频”按钮和“提取音乐”按钮，如图4-152所示。选择有音效的视频素材，仅导入视频的声音。

步骤22 执行操作后，即可添加音效，适当调整音效轨道的出现位置，如图4-153所示。

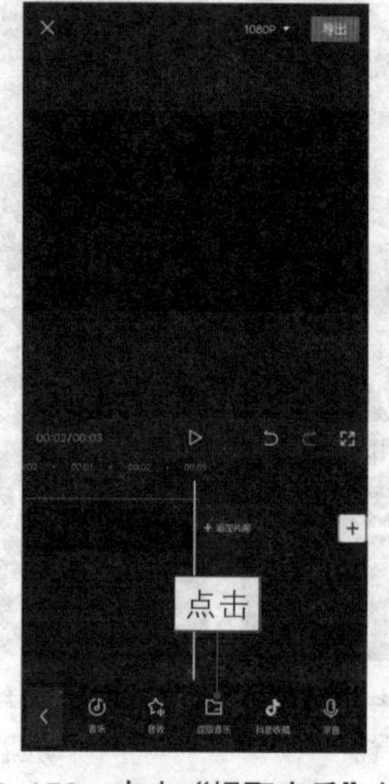

图 4-152　**点击“提取音乐”按钮**

图 4-153　**调整音效位置**

049 结尾字幕，向上滚动效果

扫码看效果

扫码看教程

【效果展示】：结尾字幕是电影中经常出现在片尾的一种字幕效果，文字被排列成一竖，然后从下缓缓向上滚动，效果如图 4-154 所示。

图 4-154　**结尾字幕效果展示**

下面介绍使用剪映 App 制作结尾字幕的具体操作方法。

步骤 01 在剪映 App 中导入一段素材，❶ 在预览区域将其画面缩小并调整至左侧位置；❷ 点击"文字"按钮，如图 4-155 所示。

步骤 02 点击"新建文本"按钮，如图4-156所示。

步骤 03 ❶ 在文本框中输入相应的文字内容；❷ 并选择合适的字体样式，如图 4-157 所示。

步骤 04 ❶ 切换至"排列"选项卡；❷ 适当调整"字间距"的参数；❸ 适当调整"行间距"的参数，如图 4-158 所示。

图 4-155　**点击"文字"按钮**

图 4-156　**点击"新建文本"按钮**

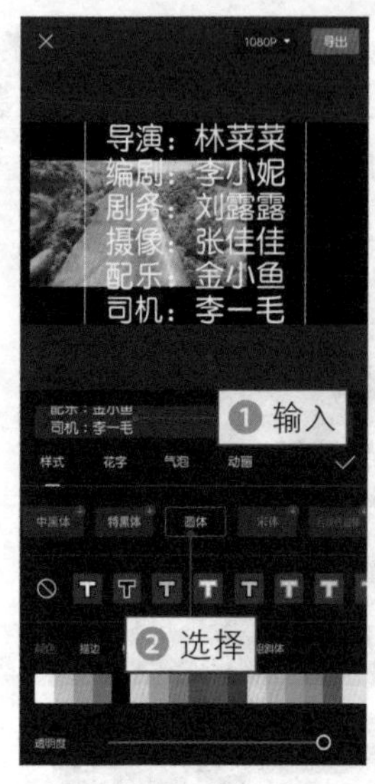

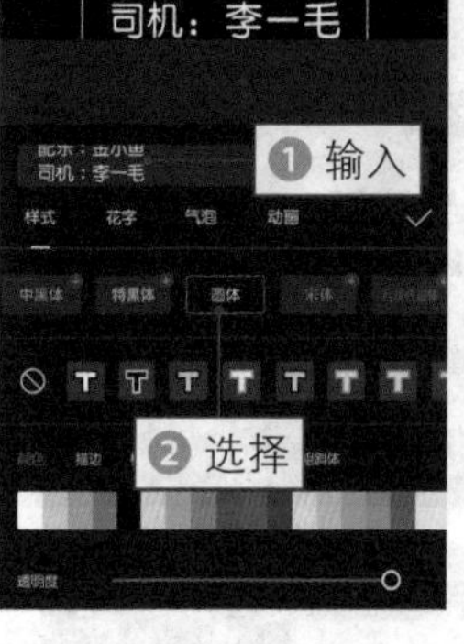

图 4-157　**选择字体样式**

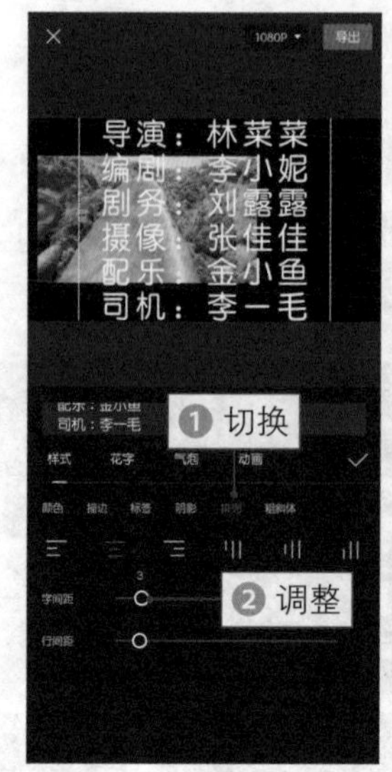

图 4-158　**调整参数**

步骤 05　❶返回并在预览区域调整文本框的大小和位置，将其拖曳至右下角；❷点击关键帧按钮，如图4-159所示。

步骤 06　❶拖曳文字轨道右侧的白色拉杆，调整文字的持续时长，使其与视频时长一致；❷在预览区域调整文本框的位置，将其拖曳至右上角，如图4-160所示。

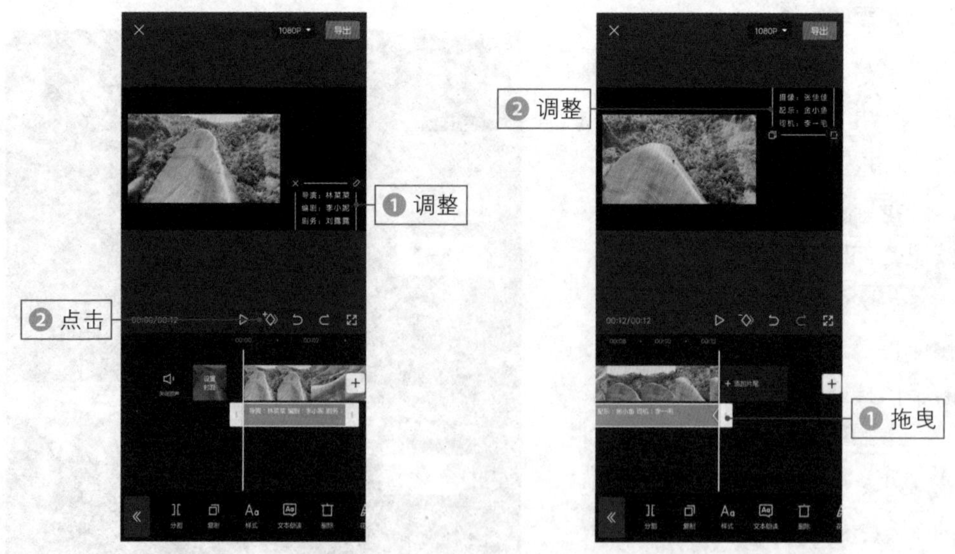

图 4-159　**点击关键帧按钮**　　图 4-160　**调整文本框的位置**

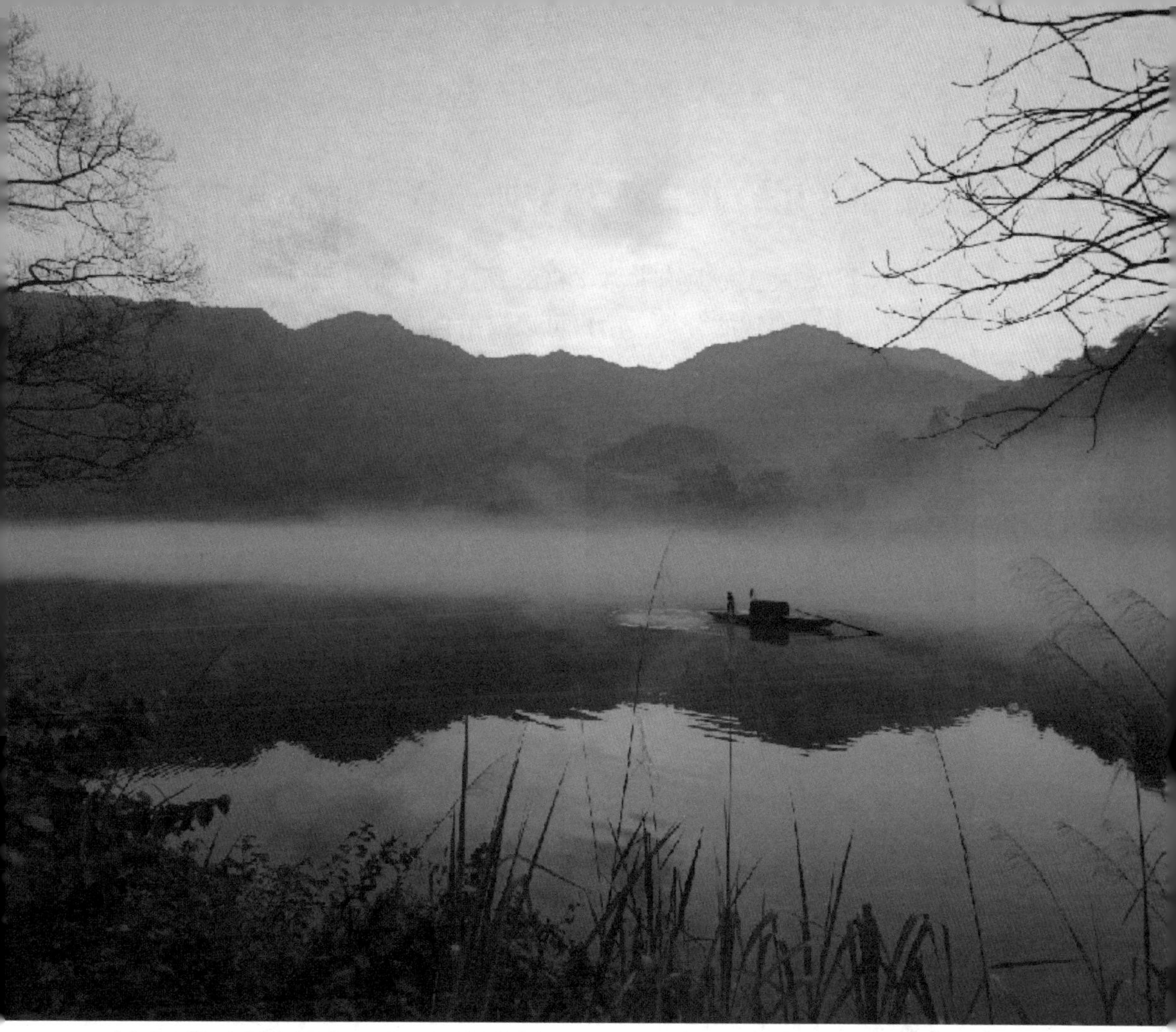

第 5 章

15 种配音技巧：让短视频更有灵魂

音频是短视频中非常重要的元素，选择好的背景音乐或者语音旁白，能够让作品不费吹灰之力就能登上热门。本章主要介绍短视频的音频处理技巧，包括添加音乐、添加音效、提取音乐、抖音收藏、录制语音、音频剪辑及卡点短视频等 15 种技巧，帮助大家快速学会音频后期处理的技巧。

050 添加音乐，提高视频视听享受

扫码看效果

扫码看教程

【效果展示】：剪映 App 具有非常丰富的背景音乐曲库，并且进行了十分细致的分类，用户可以根据自己的视频内容或者主题来快速选择合适的背景音乐，效果如图 5-1 所示。

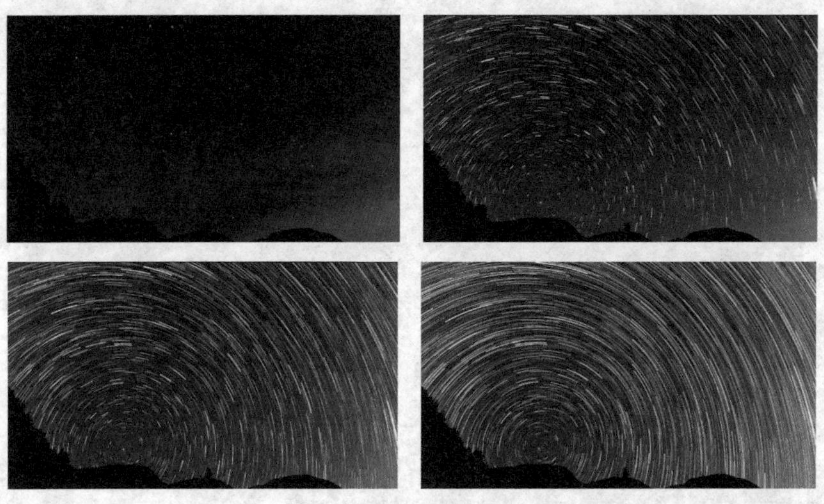

图 5-1　添加音乐效果展示

下面介绍使用剪映 App 为短视频添加音乐的具体操作方法。

步骤 01 ❶在剪映App中导入一段素材；❷点击“关闭原声”按钮，将原声关闭，如图5-2所示。

步骤 02 点击“音频”按钮，如图5-3所示。

步骤 03 点击“音乐”按钮，如图5-4所示。

步骤 04 选择相应的音乐类型，如“动感”选项卡，如图 5-5 所示。

图 5-2　点击“关闭原声”按钮

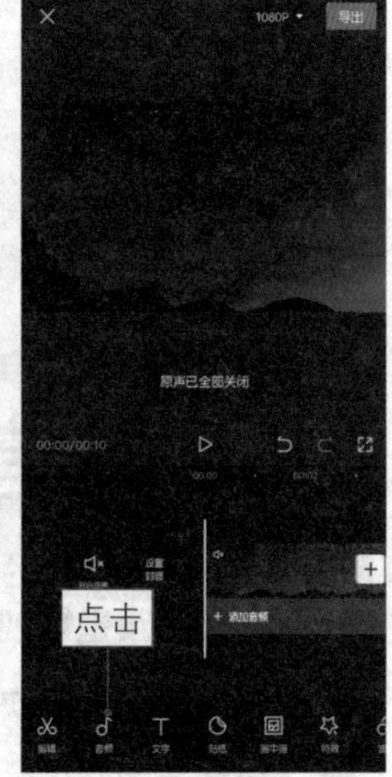

图 5-3　点击“音频”按钮

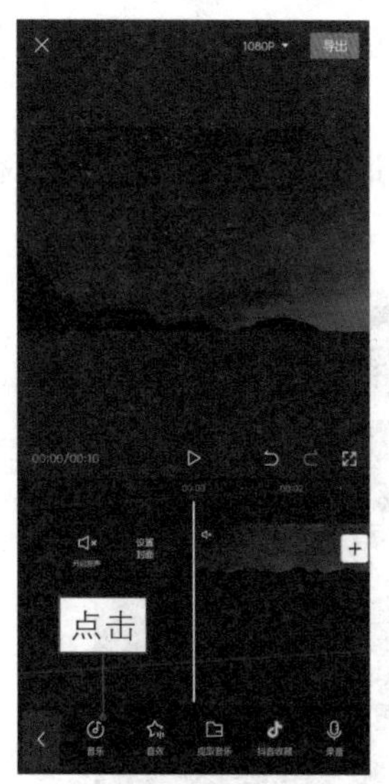

图 5-4　**点击“音乐”按钮**

图 5-5　**选择“动感”选项卡**

步骤 05 在音乐列表中选择合适的背景音乐，即可进行试听，如图5-6所示。

步骤 06 点击“使用”按钮，即可将其添加到音频轨道中，如图5-7所示。

图 5-6　**选择背景音乐**

图 5-7　**添加背景音乐**

★ 专 家 提 醒 ★

用户如果听到自己喜欢的音乐，也可以点击图标，将其收藏起来，下次剪辑视频时可以在“收藏”列表中快速选择该背景音乐。

步骤 07 ❶ 将时间轴拖曳至视频轨道的结束位置；❷ 点击“分割”按钮，如图 5-8 所示。

步骤 08 ❶ 选择分割后多余的音频片段；❷ 点击“删除”按钮，将其删除，如图 5-9 所示。

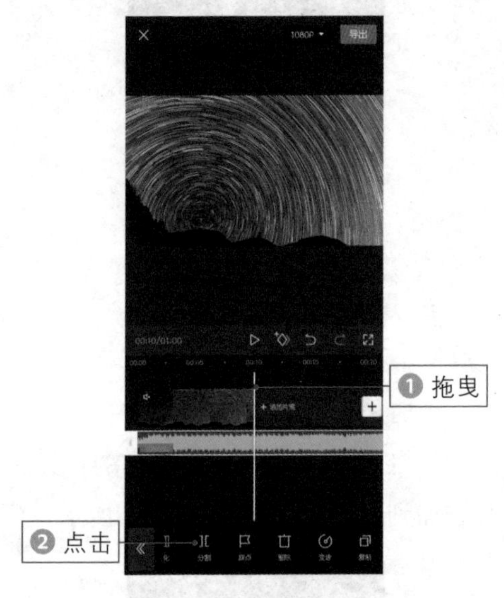

图 5-8　**点击“分割”按钮**

图 5-9　**点击“删除”按钮**

051　添加音效，增强画面的感染力

扫码看效果

扫码看教程

【效果展示】：剪映 App 中还提供了很多有趣的音效，用户可以根据短视频的情境来增加音效，添加音效后可以让画面更有感染力，效果如图 5-10 所示。

图 5-10　**添加音效效果展示**

下面介绍使用剪映 App 为短视频添加音效的具体操作方法。

步骤 01 ❶ 在剪映 App 中导入一段素材；❷ 点击“音频”按钮，如图 5-11 所示。

步骤 02 点击“音效”按钮，如图 5-12 所示。

步骤 03 ❶ 切换至“动物”选项卡；❷ 选择“海鸥的叫声”选项，即可进行试听，如图 5-13 所示。

步骤 04 点击“使用”按钮，即可将其添加到音效轨道中，如图5-14所示。

图 5-11　**点击“音频”按钮**

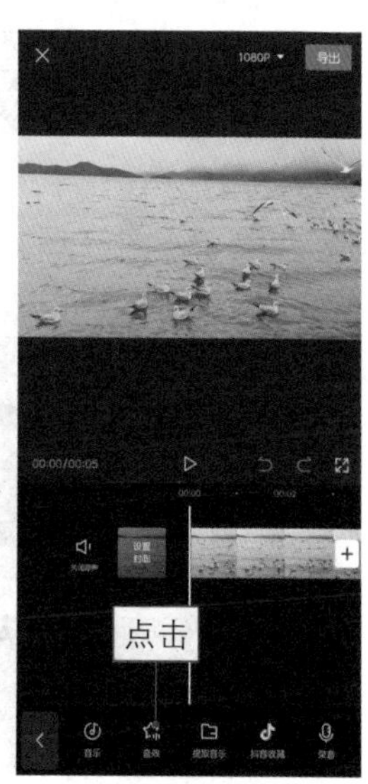

图 5-12　**点击“音效”按钮**

图 5-13　**选择“海鸥的叫声”选项**

图 5-14　**添加音效**

步骤 05 ❶将时间轴拖曳至视频轨道的结束位置；❷点击“分割”按钮，如图5-15所示。

步骤 06 ❶选择分割后多余的音效轨道；❷点击“删除”按钮，将其删除，如图5-16所示。

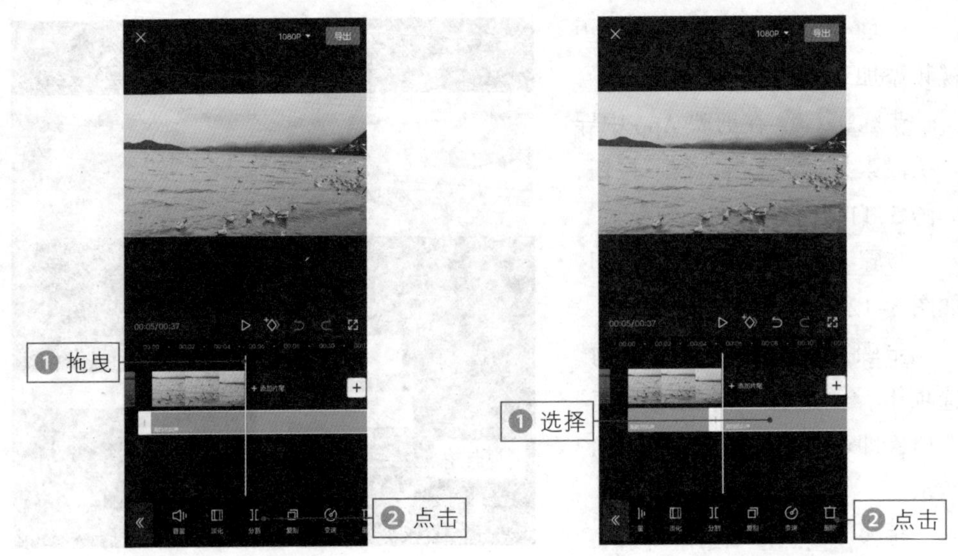

图 5-15　**点击“分割”按钮**　　图 5-16　**点击“删除”按钮**

052 提取音乐，更快速地添加音乐

扫码看效果

扫码看教程

【效果展示】：如果用户看到其他背景音乐好听的短视频，也可以先将其保存到手机上，然后通过剪映 App 来提取短视频中的背景音乐，将其应用到自己的短视频中，效果如图 5-17 所示。

图 5-17　**提取音乐效果展示**

★ 专家提醒 ★

在制作本书中的视频实例时，大家也可以采用从提供的效果视频中直接提取音乐的方法，快速为短视频素材添加背景音乐。

下面介绍使用剪映 App 从短视频中提取背景音乐的具体操作方法。

步骤 01 在剪映 App 中导入一段素材，点击“音频”按钮，如图 5-18 所示。

步骤 02 点击“提取音乐”按钮，如图5-19所示。

步骤 03 进入“照片视频”界面，❶选择需要提取背景音乐的短视频；❷点击“仅导入视频的声音”按钮，如图5-20 所示。

步骤 04 执行操作后，❶ 选择音频轨道；❷ 拖曳其右侧的白色拉杆，将其时长调整到与视频时长一致，如图 5-21 所示。

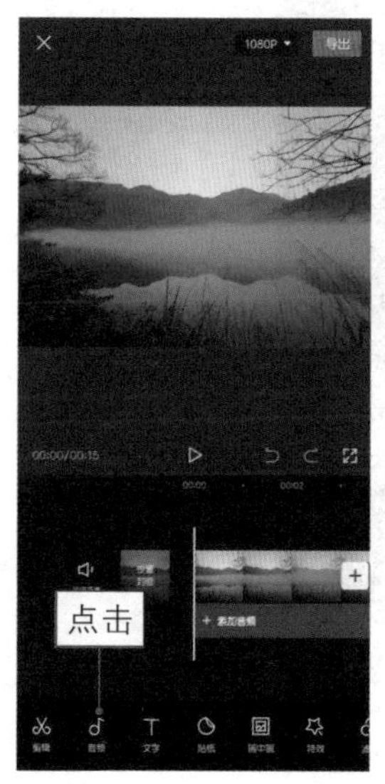

图 5-18　**点击“音频”按钮**

图 5-19　**点击“提取音乐”按钮**

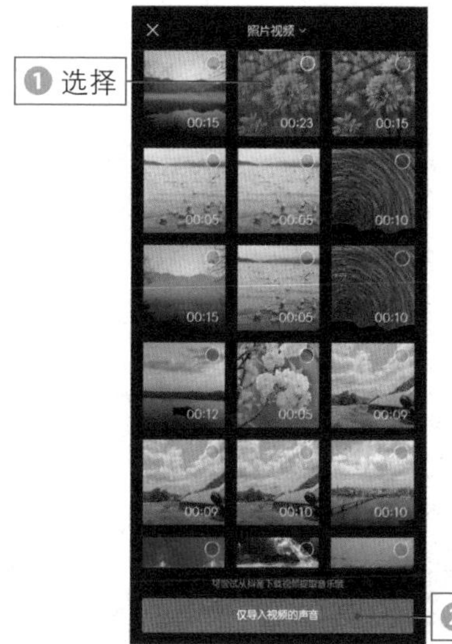

图 5-20　**点击“仅导入视频的声音”按钮**

图 5-21　**调整音频时长**

步骤 05 ❶选择视频轨道；❷点击“音量”按钮，如图5-22所示。

步骤 06 进入“音量”界面，拖曳滑块，将其音量设置为 0，如图 5-23 所示。

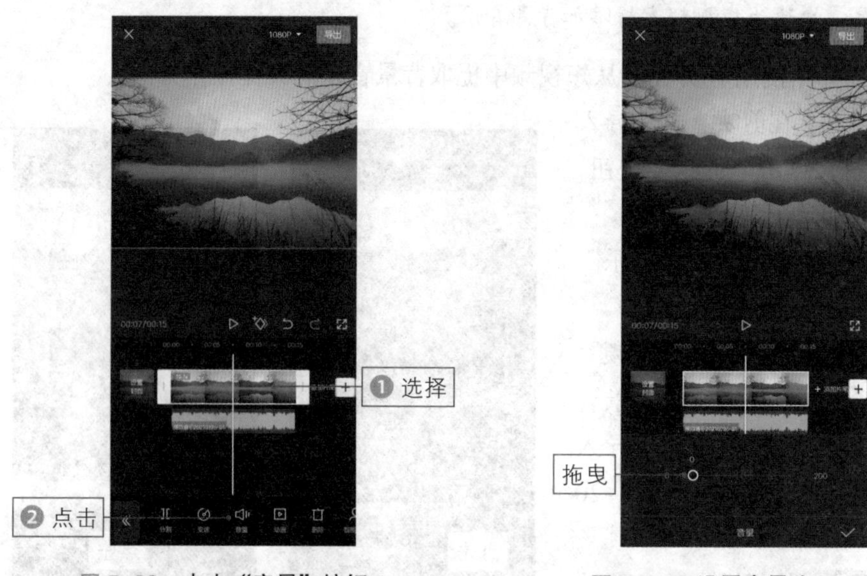

图 5-22 **点击“音量”按钮 1**　　图 5-23 **设置音量为 0**

步骤 07 ❶选择音频轨道；❷点击“音量”按钮，如图5-24所示。

步骤 08 进入“音量”界面，拖曳滑块，将其音量设置为200，即可完成操作，如图5-25所示。

图 5-24 **点击“音量”按钮 2**

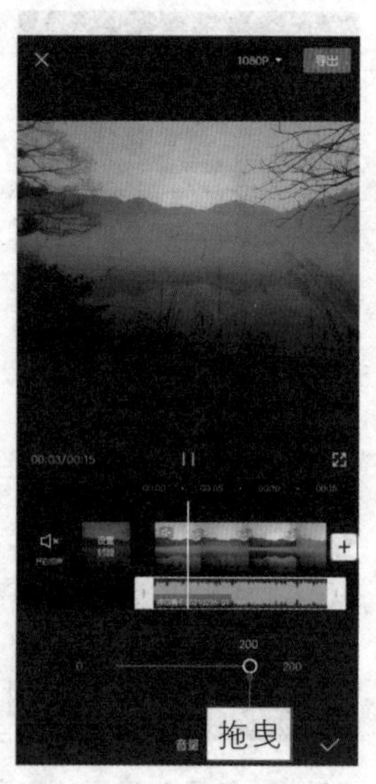

图 5-25 **设置音量为 200**

053 抖音收藏，直接添加抖音音乐

扫码看效果

扫码看教程

【效果展示】：因为剪映 App 是抖音官方推出的一款手机视频剪辑软件，所以它可以直接添加在抖音中收藏的背景音乐，效果如图 5–26 所示。

图 5–26　**抖音收藏音乐效果展示**

下面介绍使用剪映 App 添加抖音收藏背景音乐的具体操作方法。

步骤 01 在剪映App中导入一段素材，点击“音频”按钮，如图5–27所示。

步骤 02 点击“抖音收藏”按钮，如图5–28所示。

步骤 03 点击在抖音中收藏的背景音乐，试听所选的背景音乐，如图5–29所示。

步骤 04 点击“使用”按钮，将背景音乐添加到音频轨道中，并调整音频时长，如图5–30所示。

图 5–27　**点击“音频”按钮**

图 5–28　**点击“抖音收藏”按钮**

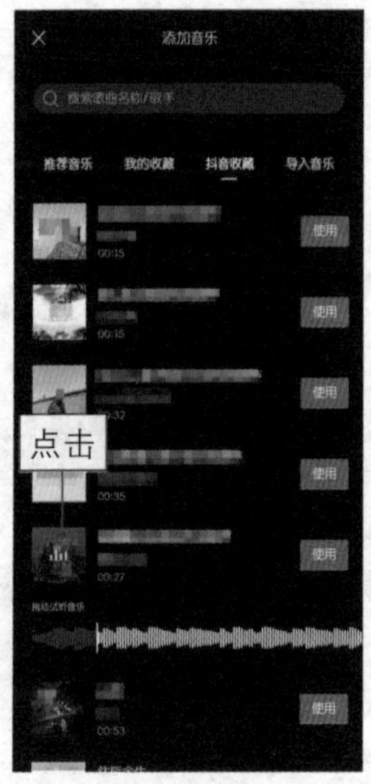

图 5-29　**试听背景音乐**

图 5-30　**调整音频时长**

054　录制语音，为短视频添加旁白

扫码看教程

语音旁白是短视频中必不可少的一个元素，下面介绍使用剪映 App 录制语音旁白的具体操作方法。

步骤 01　在剪映 App 中导入一个素材，点击“关闭原声”按钮，将短视频原声设置为静音，如图 5-31 所示。

步骤 02　点击“音频”按钮进入其界面，点击“录音”按钮，如图5-32所示。

步骤 03　进入“录音”界面，按住红色的录音键不放，即可开始录制语音旁白，如图 5-33 所示。

步骤 04　录制完成后，松开录音键，即可自动生成录音轨道，如图5-34所示。

图 5-31　**点击“关闭原声”按钮**

图 5-32　**点击“录音”按钮**

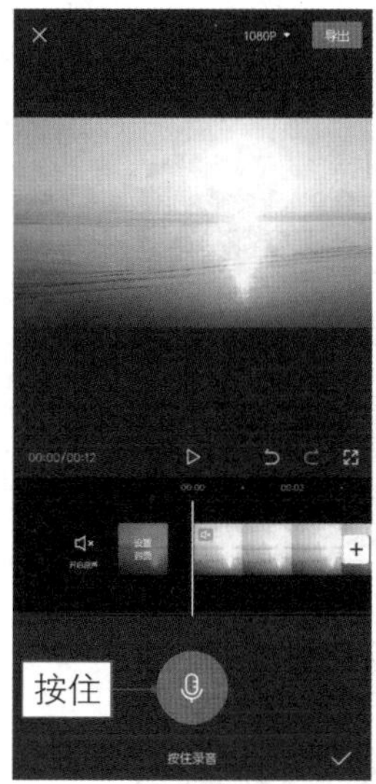

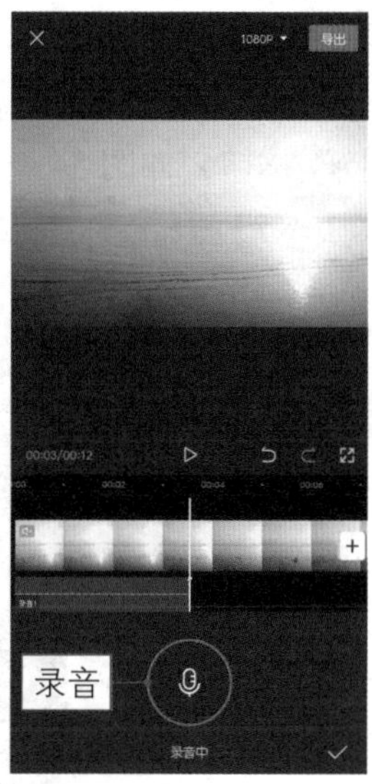

图 5-33　**开始录音**

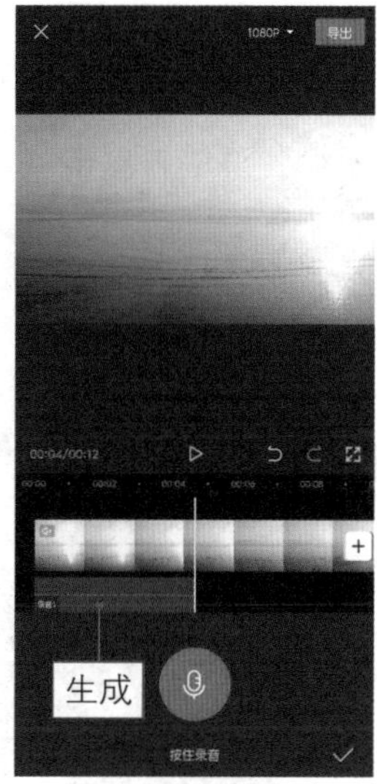

图 5-34　**生成录音轨道**

055　复制链接，下载抖音热门音乐

扫码看效果

扫码看教程

【效果展示】：除了可以收藏抖音中的背景音乐，用户也可以在抖音中直接复制热门 BGM（Background music 的缩写，意思为“背景音乐”）的链接，然后在剪映 App 中下载，这样就无须收藏了，效果如图 5-35 所示。

图 5-35　**复制链接效果展示**

下面介绍在抖音 App 中复制链接的具体操作方法。

在抖音中发现喜欢的背景音乐后，点击分享按钮，如图 5-36 所示。打开“私信分享给”菜单，点击“复制链接”按钮，如图 5-37 所示。

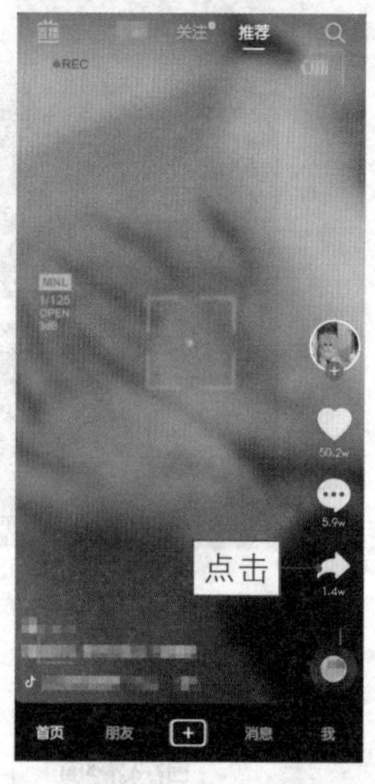

图 5-36　**点击分享按钮**

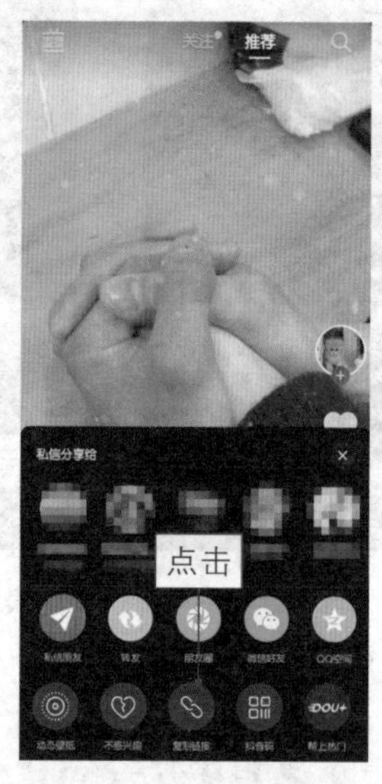

图 5-37　**点击“复制链接”按钮**

执行操作后，即可复制该视频的背景音乐链接，然后在剪映 App 中粘贴该链接并下载即可，具体操作方法如下。

步骤 01 在剪映 App 中导入一段素材，依次点击“音频”按钮和“音乐”按钮，如图 5-38 所示。

步骤 02 进入“添加音乐”界面，点击“导入音乐”按钮，如图 5-39 所示。

步骤 03 ❶在文本框中粘贴复制的BGM链接；❷点击下载按钮，开始下载背景音乐，如图5-40所示。

步骤 04 下载完成后，点击“使用”按钮，如图 5-41 所示。

图 5-38　**点击“音乐”按钮**

图 5-39　**点击“导入音乐”按钮**

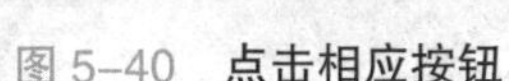
图 5-40　**点击相应按钮**

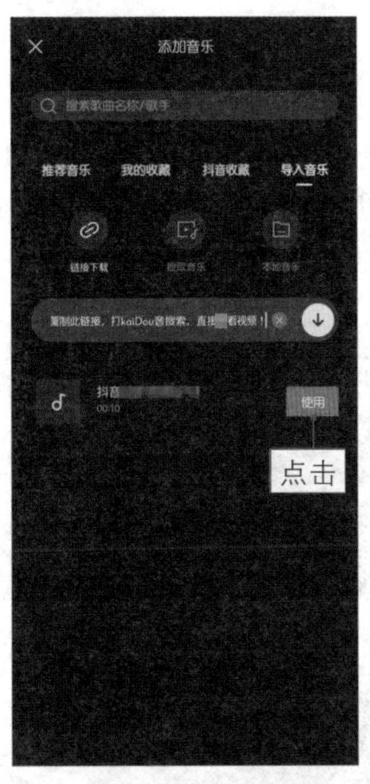

图 5-41　**点击“使用”按钮**

步骤 05 执行操作后，即可将其添加到音频轨道中，如图5-42所示。

步骤 06 删除多余的音频轨道，使其与视频时长一致，如图5-43所示。

图 5-42　**添加背景音乐**

图 5-43　**删除多余的音频轨道**

056 音频剪辑，选择性地添加音乐

扫码看效果

扫码看教程

【效果展示】：使用剪映 App 可以非常方便地对音频进行剪辑处理，选取其中的高潮部分，让短视频更能打动人心，效果如图 5-44 所示。

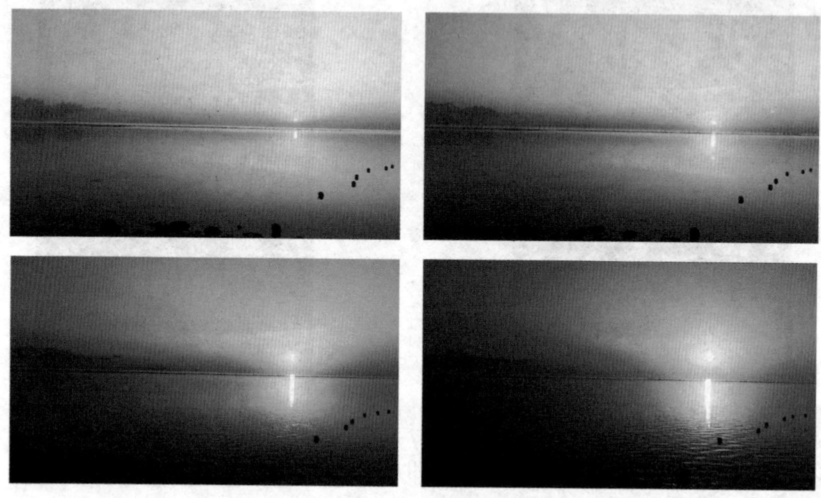

图 5-44　**音频剪辑效果展示**

下面介绍使用剪映 App 对音频进行剪辑处理的具体操作方法。

步骤 01 在剪映 App 中导入一段素材，并添加合适的背景音乐，如图 5-45 所示。

步骤 02 ❶ 选择音频轨道；❷ 按住音频轨道左侧的白色拉杆并向右拖曳，如图 5-46 所示。

步骤 03 按住音频轨道并将其拖曳至起始位置，如图5-47 所示。

步骤 04 按住音频轨道右侧的白色拉杆，并向左拖曳至视频轨道的结束位置，如图5-48 所示。

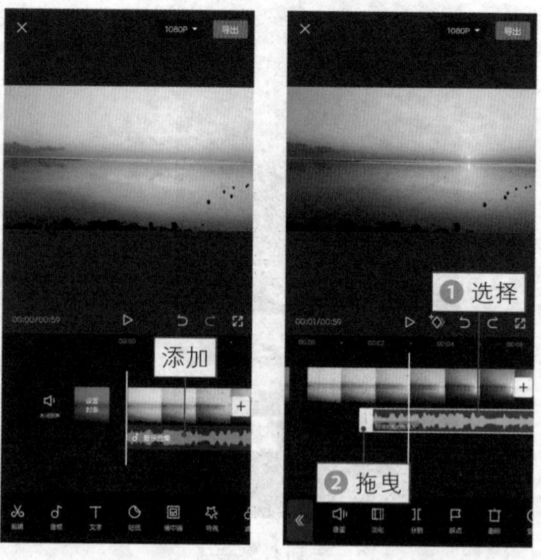

图 5-45　**添加背景音乐**　图 5-46　**向右拖曳白色拉杆**

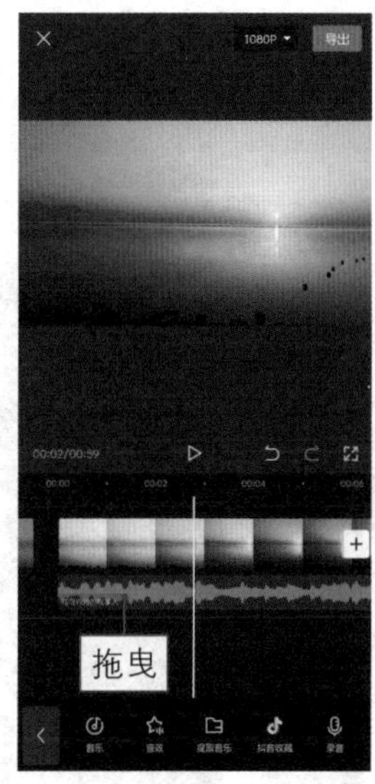

图 5-47　**拖曳音频轨道**

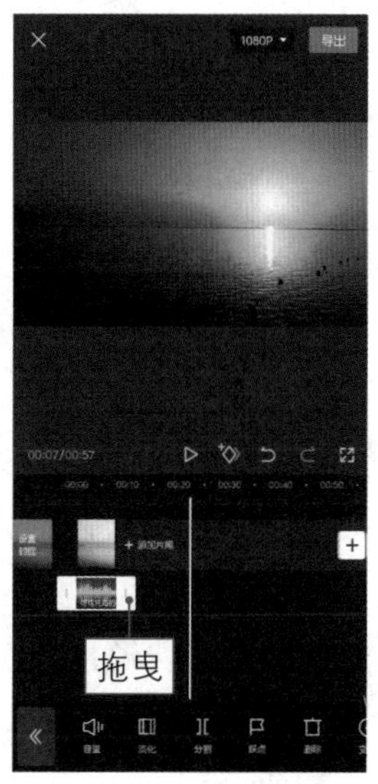

图 5-48　**向左拖曳白色拉杆**

057　淡入淡出，让音乐不那么突兀

扫码看效果

扫码看教程

【效果展示】：设置音频淡入淡出效果后，可以让短视频的背景音乐显得不那么突兀，给观众带来更加舒适的视听感，效果如图 5-49 所示。

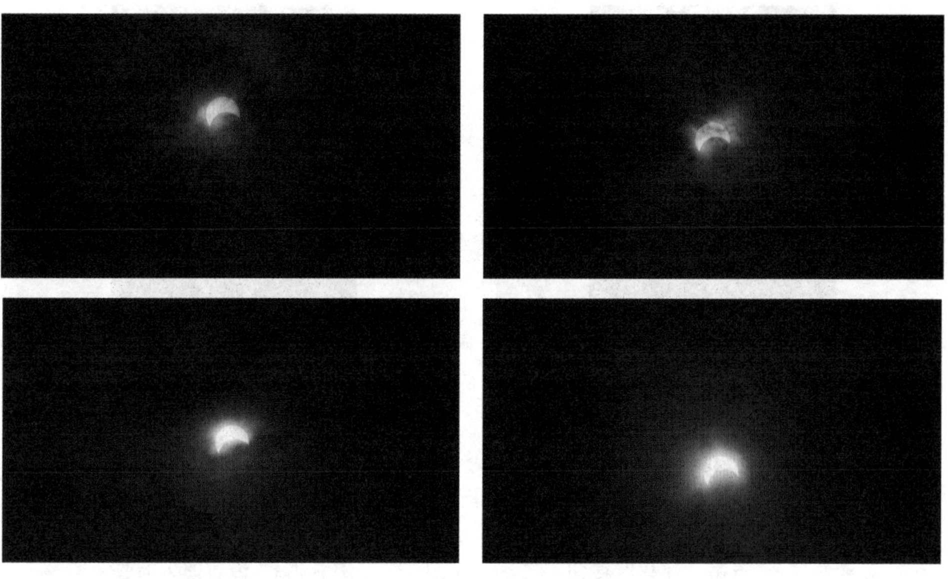

图 5-49　**音乐淡入淡出效果展示**

★ 专 家 提 醒 ★

淡入是指背景音乐开始响起时，声音会缓缓变大；淡出则是指背景音乐即将结束时，声音会渐渐消失。

下面介绍使用剪映 App 设置音频淡入淡出效果的具体操作方法。

步骤 01 在剪映 App 中导入一段素材，并添加合适的背景音乐，如图 5-50 所示。

步骤 02 对音频轨道进行剪辑，使其播放时长与视频时长一致，如图 5-51 所示。

步骤 03 ❶选择音频轨道；❷点击工具栏中的“淡化”按钮，如图5-52所示。

步骤 04 进入“淡化”界面，拖曳“淡入时长”右侧的白色圆环滑块，将“淡入时长”设置为 3.8s，如图 5-53 所示。

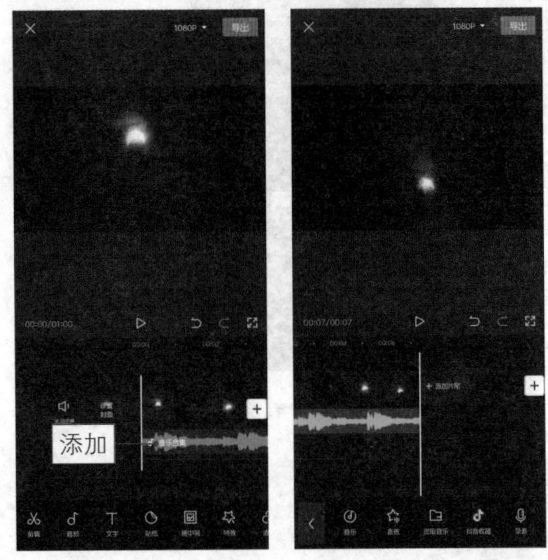

图 5-50　添加背景音乐　图 5-51　剪辑音频轨道

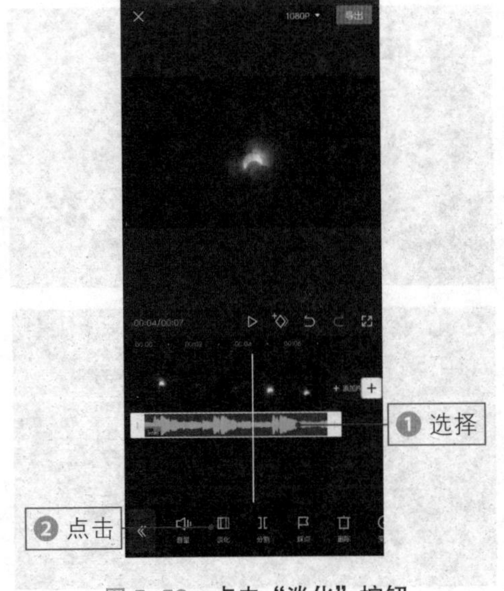

图 5-52　点击“淡化”按钮

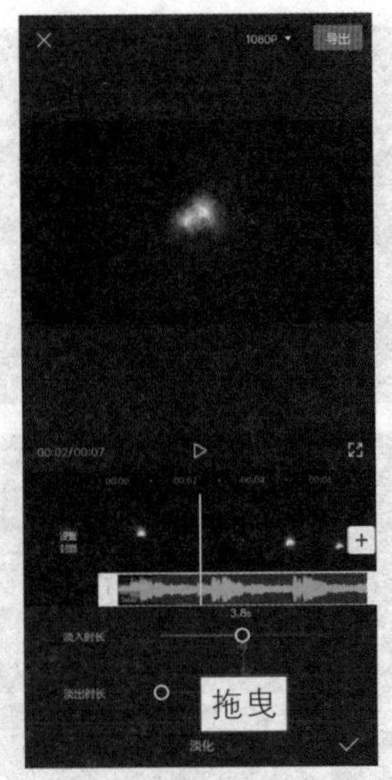

图 5-53　设置淡入时长

步骤 05　拖曳"淡出时长"右侧的白色圆环滑块，将"淡出时长"设置为 1.7s，如图 5-54 所示。

步骤 06　点击✓按钮完成操作，可以看到，音频轨道上音频的前后音量都有所下降，如图 5-55 所示。

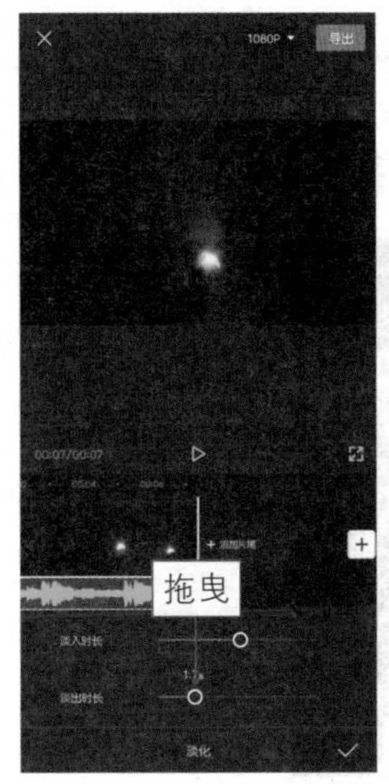

图 5-54　**设置淡出时长**

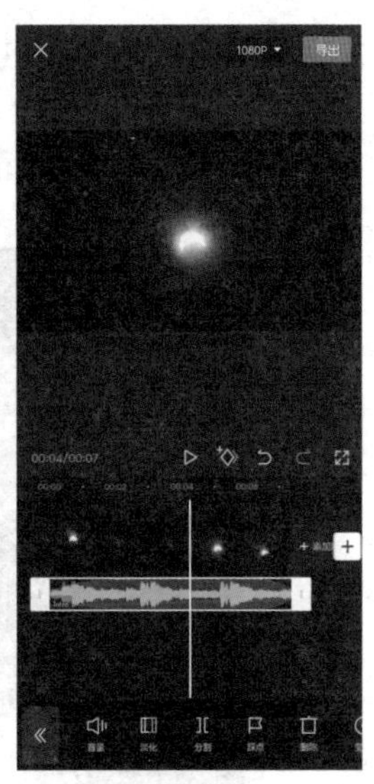

图 5-55　**前后音量下降**

058　变速处理，让音乐随视频变化

扫码看效果

扫码看教程

【效果展示】：使用剪映 App 可以对音频的播放速度进行放慢或者加快等变速处理，从而制作出一些特殊的背景音乐，效果如图 5-56 所示。

图 5-56　**变速处理效果展示**

下面介绍使用剪映 App 对音频进行变速处理的具体操作方法。

步骤 01 在剪映 App 中导入一段素材，点击“添加音频”按钮，如图 5-57 所示。

步骤 02 添加合适的背景音乐，如图5-58所示。

图 5-57 **点击“添加音频”按钮**

图 5-58 **添加背景音乐**

步骤 03 ❶选择音频轨道；❷点击“变速”按钮，如图5-59所示。

步骤 04 进入“变速”界面，显示默认的音频播放倍速为 1x，如图 5-60 所示。

图 5-59 **点击“变速”按钮**

图 5-60 **默认的音频播放速度**

步骤 05 ❶向左拖曳红色圆环滑块；❷即可增加音频时长，如图5-61所示。

步骤 06 ❶向右拖曳红色圆环滑块；❷即可缩短音频时长，如图5-62所示。

★ 专家提醒 ★

如果用户想制作一些有趣的短视频作品，如使用不同播放速率的背景音乐来体现视频剧情的急促感或者缓慢感，此时就需要对音频进行变速处理。

图 5-61　**增加音频时长**

图 5-62　**缩短音频时长**

059　变声处理，让声音变得更有趣

扫码看效果

扫码看教程

【效果展示】：在处理短视频的音频素材时，可以给其增加一些变声特效，让声音效果变得更有趣，效果如图 5-63 所示。

图 5-63　**变声处理效果展示**

下面介绍使用剪映 App 对音频进行变声处理的具体操作方法。

步骤 01 在剪映App中导入一段素材，❶选择视频轨道；❷点击工具栏中的“变声”按钮，如图5-64所示。

步骤 02 进入“变声”界面，选择合适的音色即可，如图 5-65 所示。

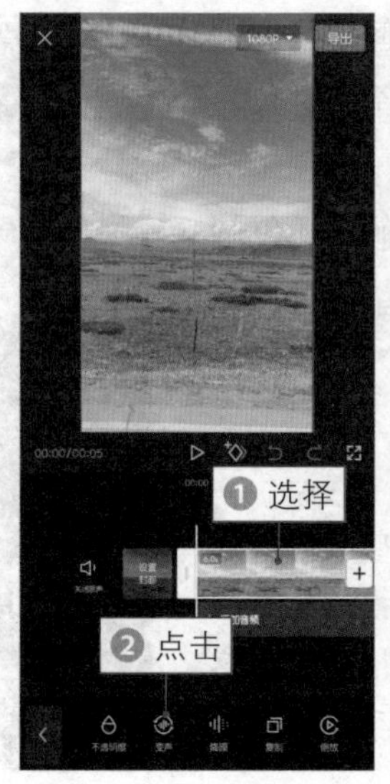

图 5-64 **点击“变声”按钮**

图 5-65 **选择音色**

060 变调处理，实现男女声音互换

扫码看效果

扫码看教程

【效果展示】：使用剪映 App 的声音变调功能可以实现不同的声音效果，如奇怪的快速说话声，以及男女声音的调整互换等，效果如图 5-66 所示。

图 5-66 **变调处理效果展示**

下面介绍使用剪映 App 对音频进行变调处理的具体操作方法。

步骤 01 在剪映 App 中导入一段素材，并添加合适的背景音乐，如图 5-67 所示。

步骤 02 ❶选择音频轨道；❷点击“变速”按钮，如图5-68所示。

图 5-67　**添加背景音乐**

图 5-68　**点击“变速”按钮**

步骤 03 进入“变速”界面，拖曳红色圆环滑块，将音频的播放速度设置为1.5x，如图5-69所示。

步骤 04 选中“声音变调”单选按钮即可，如图5-70所示。

图 5-69　**设置音频播放速度**

图 5-70　**选中“声音变调”单选按钮**

061 自动踩点，标出节拍点做卡点

扫码看效果

扫码看教程

【效果展示】：自动踩点是剪映 App 中一个能帮助用户一键标出节拍点的功能，利用它可以快速制作出卡点视频，效果如图 5-71 所示。可以看到，视频片段随着音频的节拍点而不断切换。

图 5-71　**自动踩点效果展示**

下面介绍使用剪映 App 的自动踩点功能制作卡点短视频的具体操作方法。

步骤 01 在剪映App中导入素材，并添加相应的背景音乐，如图5-72所示。

步骤 02 选择音频轨道，进入“音频”编辑界面，点击底部的“踩点”按钮，如图5-73所示。

图 5-72　**添加背景音乐**

图 5-73　**点击“踩点”按钮**

步骤 03 进入“踩点”界面，❶ 点击“自动踩点”按钮；❷ 选择“踩节拍 I”选项，如图 5-74 所示。

步骤 04 点击✓按钮，即可在音乐节拍点的位置添加对应的点，如图5-75所示。

图 5-74　选择“踩节拍 I”选项

图 5-75　添加对应的点

步骤 05 ❶选择第1段视频轨道；❷拖曳其右侧的白色拉杆，使其与音频轨道上的第2个节拍点对齐，调整第1段视频轨道的时长，如图5-76所示。

步骤 06 采用同样的操作方法，调整第 2 段视频轨道的时长，并删除多余的音频轨道，如图 5-77 所示。

步骤 07 ❶拖曳时间轴至第1段视频轨道的起始位置；❷点击“特效”按钮，如图5-78所示。

步骤 08 进入“特效”界面，❶ 切换至“氛围”选项卡；❷ 选择“金粉撒落”特效，如图 5-79 所示。

图 5-76　调整视频时长

图 5-77　删除多余的音频轨道

图 5-78　**点击“特效”按钮**

图 5-79　**选择“金粉撒落”特效**

步骤 09 点击✓按钮返回，拖曳特效轨道右侧的白色拉杆，使其与第2个节拍点对齐，调整特效时长，如图5-80所示。

步骤 10 点击«按钮返回，点击“新增特效”按钮，如图5-81所示。

图 5-80　**调整特效时长**

图 5-81　**点击“新增特效”按钮**

步骤 11 选择“氛围”选项卡中的“烟雾”特效，如图5-82所示。

步骤 12 返回并调整特效时长，使其与第3个节拍点对齐，❶选择第2段视频轨道；❷点击“动画”按钮，如图5-83所示。

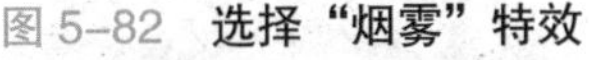

图 5-82　**选择“烟雾”特效**

图 5-83　**点击“动画”按钮**

步骤 13 点击“入场动画”按钮，如图5-84所示。

步骤 14 ❶ 选择“雨刷”动画；❷ 拖曳滑块，调整动画时长，如图 5-85 所示。

图 5-84　**点击“入场动画”按钮**

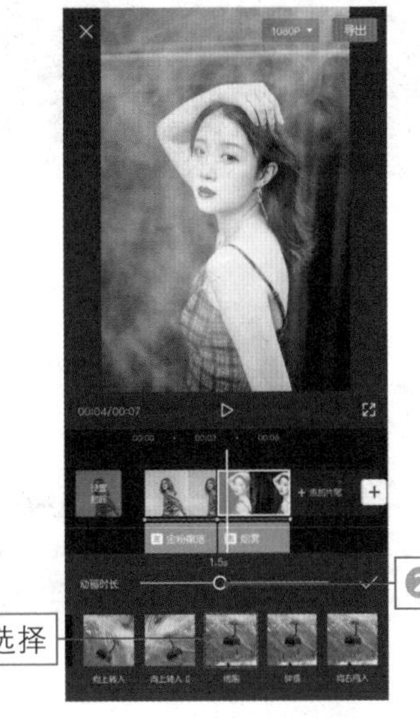

图 5-85　**调整动画时长**

062　缩放卡点，增强画面的节奏感

扫码看效果

扫码看教程

【效果展示】：缩放卡点使用剪映 App 的回弹伸缩动

画效果和缩放动画效果制作而成，画面非常具有节奏感，效果如图 5-86 所示。

图 5-86　**缩放卡点效果展示**

下面介绍使用剪映 App 制作缩放卡点短视频的具体操作方法。

步骤 01 在剪映 App 中导入相应的素材，并添加合适的背景音乐，❶ 选择第 1 段视频轨道；❷ 拖曳轨道右侧的白色拉杆，将其时长设置为 2.1s，如图 5-87 所示。

步骤 02 ❶选择第2段视频轨道；❷拖曳轨道右侧的白色拉杆，将其时长设置为0.6s，如图5-88所示。

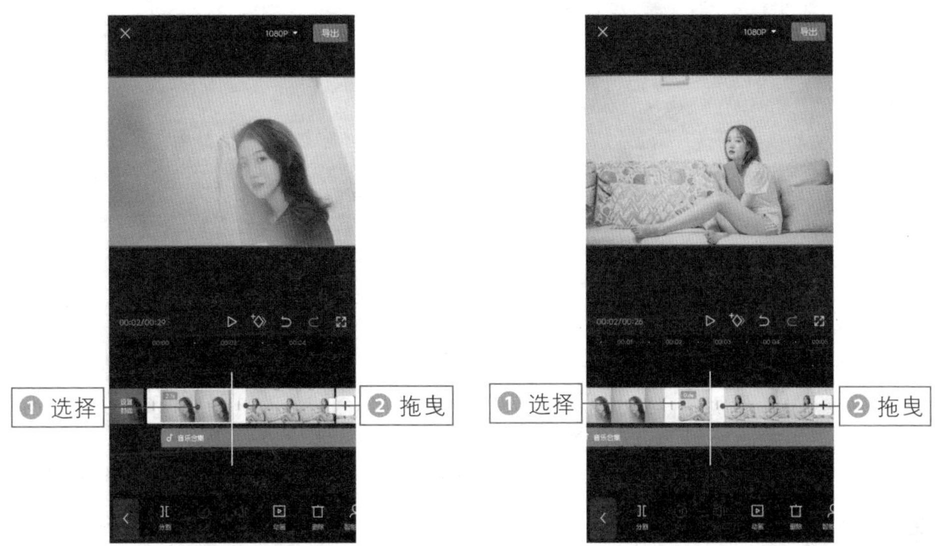

图 5-87　**设置第 1 段视频的时长**　　图 5-88　**设置第 2 段视频的时长**

步骤 03　采用同样的操作方法，将其余的视频时长设置为0.6s，如图5-89所示。

步骤 04　❶选择第1段视频轨道；❷依次点击“动画”按钮和“组合动画”按钮，如图5-90所示。

图 5-89　**设置其余视频的时长**

图 5-90　**点击“组合动画”按钮**

步骤 05　选择“回弹伸缩”动画，如图5-91所示。

步骤 06　❶选择第2段视频轨道；❷选择“缩放”动画，如图5-92所示。

图 5-91　**选择“回弹伸缩”动画**

图 5-92　**选择“缩放”动画**

步骤 07 采用同样的操作方法，为其余的视频轨道添加“缩放”动画，如图5-93所示。

步骤 08 返回并点击“滤镜”按钮，如图5-94所示。

图 5-93　**为其余视频添加“缩放”动画效果**

图 5-94　**点击“滤镜”按钮**

步骤 09 ❶切换至“油画”选项卡；❷选择“彩光”滤镜，如图5-95所示。

步骤 10 返回并拖曳滤镜轨道两侧的白色拉杆，调整滤镜的持续时长，使其与视频时长保持一致，如图5-96所示。

图 5-95　**选择“彩光”滤镜**

图 5-96　**调整特效时长**

步骤 11 返回并点击“特效”按钮，如图5-97所示。

步骤 12 ❶切换至“氛围”选项卡；❷选择“金粉”特效，如图5-98所示。最后调整特效的持续时长，使其与视频时长保持一致。

图 5-97　**点击“特效”按钮**

图 5-98　**选择“金粉”特效**

063 立体卡点，视频画面丰富美观

扫码看效果

扫码看教程

【效果展示】：立体卡点使用剪映 App 的蒙版和立方体动画效果制作而成，画面效果丰富且美观，效果如图 5–99 所示。

图 5–99　**立体卡点效果展示**

下面介绍使用剪映 App 制作立体卡点短视频的具体操作方法。

步骤 01 在剪映App中导入相应的素材，并添加合适的背景音乐，❶选择音频轨道；❷点击“踩点”按钮，如图5–100所示。

步骤 02 进入“踩点”界面，❶拖曳时间轴至需要踩点的位置；❷点击［＋添加点］按钮，如图5–101所示。

图 5–100　**点击“踩点”按钮**

图 5–101　**点击“添加点”按钮**

步骤 03 采用同样的操作方法，为音频添加其余的节拍点，❶返回并选择第 1 段视频轨道；❷拖曳轨道右侧的白色拉杆，调整第 1 段视频轨道的时长，使其与第 1 个节拍点对齐，如图 5–102 所示。

步骤 04 采用同样的操作方法，调整其余视频轨道的时长，如图 5–103 所示。

步骤 05 ❶选择第 1 段视频轨道；❷点击“蒙版”按钮，如图 5–104 所示。

步骤 06 ❶选择“爱心”蒙版；❷在预览区域调整蒙版的大小，如图 5–105 所示。

图 5–102　**调整视频时长**

图 5–103　**调整其余视频时长**

图 5–104　**点击“蒙版”按钮**

图 5–105　**调整蒙版大小**

步骤 07 返回并依次点击“动画”按钮和“组合动画”按钮，如图 5–106 所示。

步骤 08 选择“立方体”动画，如图 5–107 所示。采用同样的操作方法，为其余素材添加蒙版和组合动画效果。

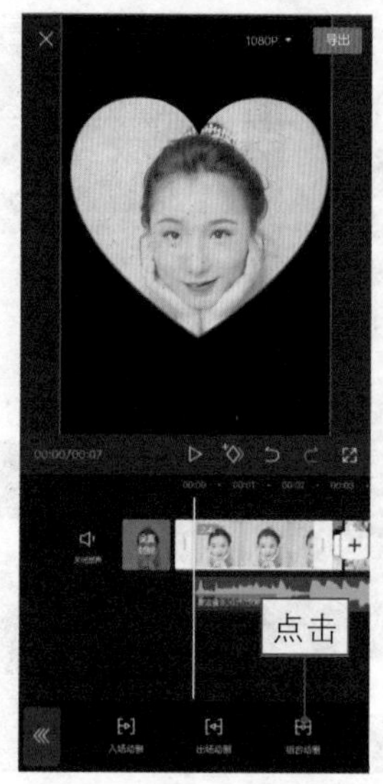

图 5-106　**点击"组合动画"按钮**

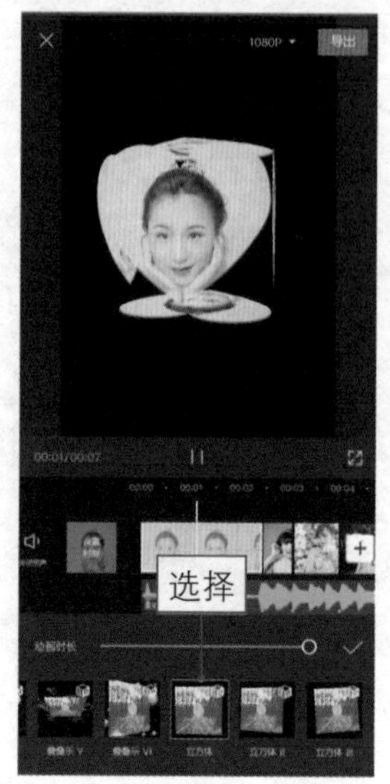

图 5-107　**选择"立方体"动画**

064　甩入卡点，动感炫酷具有创意

扫码看效果

扫码看教程

【效果展示】：甩入卡点使用剪映 App 的滤镜和甩入动画效果制作而成，画面极具动感和创意性，效果如图 5-108 所示。

图 5-108　**甩入卡点效果展示**

下面介绍使用剪映 App 制作甩入卡点短视频的具体操作方法。

步骤 01　在剪映App中导入相应的素材，并添加合适的背景音乐，❶选择视频轨道；❷拖曳轨道右侧的白色拉杆，调整视频时长，使其与音频时长保持一致，如图5-109所示。

步骤 02 ❶选择音频轨道；❷点击“踩点”按钮，如图5-110所示。

图 5-109　**调整视频时长**　　图 5-110　**点击“踩点”按钮**

步骤 03 进入“踩点”界面，❶拖曳时间轴至需要踩点的位置；❷点击[+添加点]按钮，如图 5-111 所示。

步骤 04 采用同样的操作方法，为音频添加其余节拍点，❶拖曳时间轴至最后一个节拍点的位置；❷选择视频轨道；❸点击“分割”按钮，如图 5-112 所示。

步骤 05 ❶选择第1段视频轨道；❷点击“复制”按钮，如图5-113所示。

步骤 06 返回并点击“画中画”按钮，如图 5-114 所示。

图 5-111　**点击“添加点”按钮**　　图 5-112　**点击“分割”按钮**

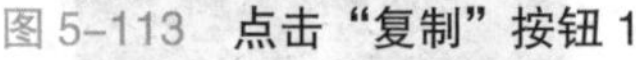
图 5-113　**点击“复制”按钮 1**

图 5-114　**点击“画中画”按钮**

步骤 07　❶ 选择复制的视频轨道；❷ 点击“切画中画”按钮，如图 5-115 所示。

步骤 08　向左拖曳时间轴，使其与第 1 个节拍点对齐，再将画中画轨道与时间轴对齐，使画中画轨道的起始位置与第 1 个节拍点对齐，如图 5-116 所示。

图 5-115　**点击“切画中画”按钮**

图 5-116　**拖曳画中画轨道 1**

步骤 09　❶选择画中画轨道；❷点击“复制”按钮，如图5-117所示。

步骤 10 向左拖曳复制的画中画轨道，使其起始位置与第2个节拍点对齐，如图5-118所示。

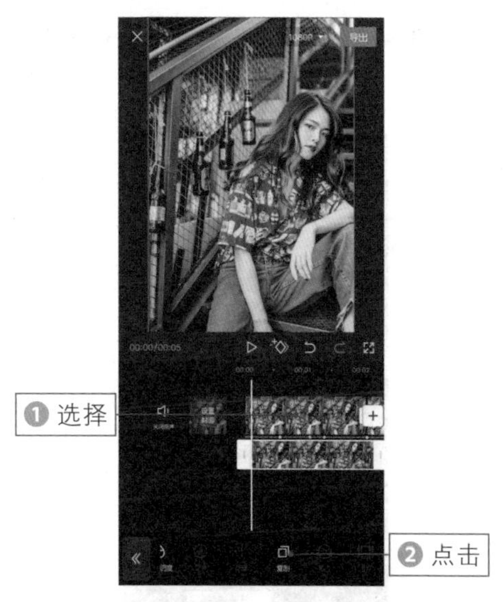

图 5-117　**点击“复制”按钮 2**

图 5-118　**拖曳画中画轨道 2**

步骤 11 采用同样的操作方法，再添加两条画中画轨道，并使其起始位置分别与第3、第4个节拍点对齐，如图5-119所示。

步骤 12 ❶选择第1段画中画轨道；❷拖曳轨道右侧的白色拉杆，调整第1段画中画轨道的时长，使其与第5个节拍点对齐，如图5-120所示。

图 5-119　**添加画中画轨道**

图 5-120　**调整视频轨道时长**

步骤 13 采用同样的操作方法，调整其余画中画轨道的时长，❶选择第1段画中画轨道；❷在预览区域适当缩小其画面，如图5–121所示。

步骤 14 ❶ 选择第 2 段画中画轨道；❷ 在预览区域适当缩小其画面；❸ 点击“滤镜”按钮，如图 5–122 所示。

图 5–121 **缩小画面**　　图 5–122 **点击“滤镜”按钮**

步骤 15 ❶切换至“风格化”选项卡；❷选择“牛皮纸”滤镜，如图5–123所示。

步骤 16 采用同样的操作方法，缩小第 3 段画中画轨道的画面大小，并为第 3 段画中画轨道选择一个“风格化”选项卡中的“绝对红”滤镜，如图 5–124 所示。

步骤 17 ❶ 返回并缩小第 4 段画中画轨道的画面大小；❷ 依次点击“动画”按钮和“入场动画”按钮，如图 5–125 所示。

步骤 18 ❶选择“向下甩入”动画；❷拖曳滑块，调整动画时

图 5–123 **选择“牛皮纸”滤镜**　　图 5–124 **选择“绝对红”滤镜**

长，如图5-126所示。

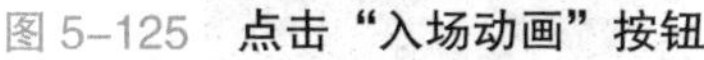
图 5-125　**点击“入场动画”按钮**

图 5-126　**调整动画时长 1**

步骤 19 返回并选择第3段画中画轨道，点击“入场动画”按钮，❶选择“向右甩入”动画；❷拖曳滑块，调整动画时长，如图5-127所示。

步骤 20 采用同样的操作方法，为第1段和第2段画中画轨道添加动画效果，❶选择第2段视频轨道；❷点击“组合动画”按钮，如图5-128所示。

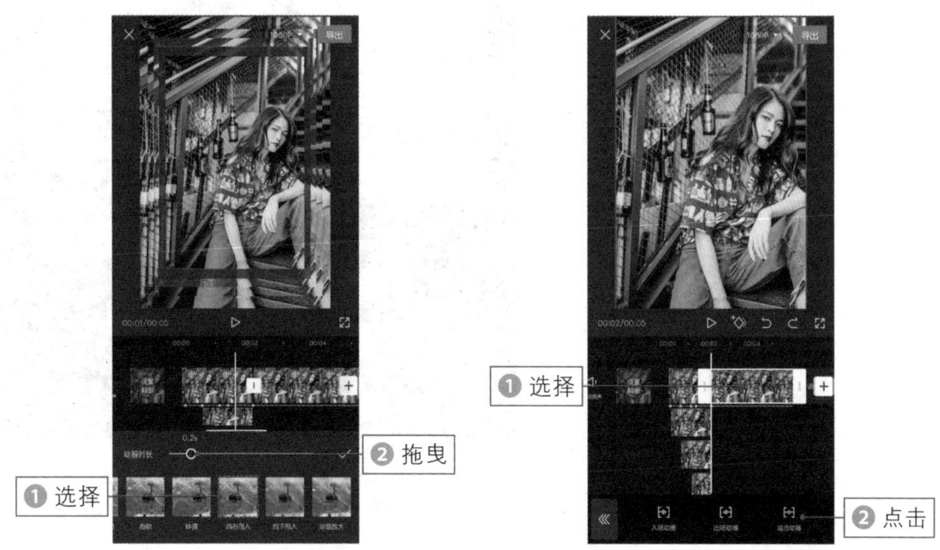

图 5-127　**调整动画时长 2**　　图 5-128　**点击“组合动画”按钮**

步骤21 选择“百叶窗Ⅱ”动画，如图5-129所示。

步骤22 ❶ 返回并拖曳时间轴至第 2 段视频轨道的起始位置；❷ 点击“特效”按钮，如图 5-130 所示。

图 5-129 选择“百叶窗Ⅱ”动画

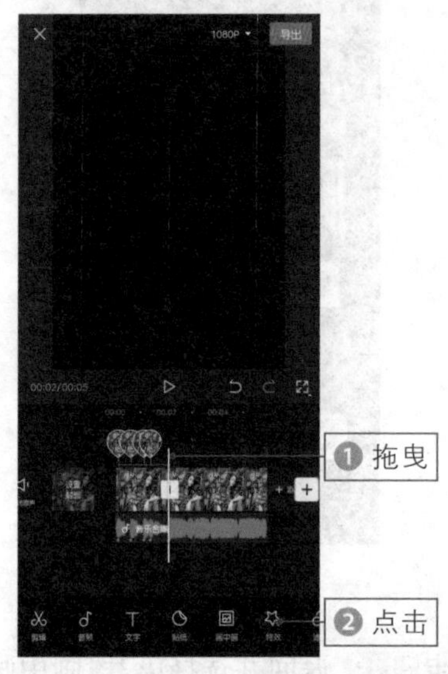

图 5-130 点击“特效”按钮

步骤23 ❶ 切换至“光影”选项卡；❶ 选择“胶片漏光”特效，如图 5-131 所示。

步骤24 返回并调整特效时长，使其与第 2 段视频时长保持一致，如图 5-132 所示。

图 5-131 选择“胶片漏光”特效

图 5-132 调整特效时长 3

第6章

《秀美河山》：剪映剪辑制作流程

制作要点

素材准备：准备多段美景视频素材。

字幕技巧：片头字幕给人以神秘感，说明文字用于介绍风光。

转场技巧：添加水墨转场，给人以清新淡雅的感觉。

扫码看效果

扫码看教程

065 正片叠底，制作镂空文字效果

【效果展示】：本案例主要用来展示各个地方的风光，节奏舒缓，适合用作旅行短视频，效果如图 6–1 所示。

图 6–1 《秀美河山》效果展示

下面介绍使用剪映 App 的正片叠底功能制作镂空文字的具体操作方法。

步骤 01 在剪映 App 中导入一段素材库中的黑色背景素材，依次点击“文字”按钮和“新建文本”按钮，如图 6-2 所示。

步骤 02 ❶在文本框中输入相应的文字内容；❷选择一个合适的字体样式；❸在预览区域适当放大文字；❹点击“动画”按钮，如图6-3所示。

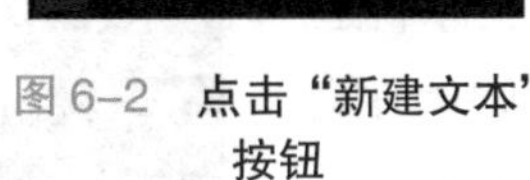

图 6-2 **点击“新建文本”按钮**

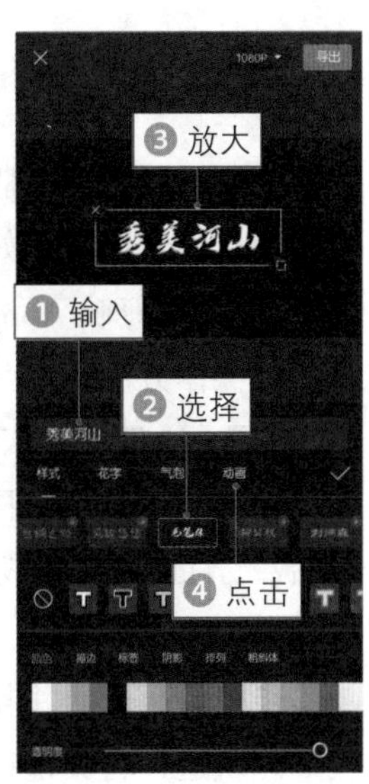

图 6-3 **点击“动画”按钮**

步骤 03 ❶选择“缩小”动画；❷拖曳滑块，将动画时长调整为1.3s；❸点击“导出”按钮，如图6-4所示。

步骤 04 导出完成后，返回并点击“开始创作”按钮，导入一段视频素材，点击“画中画”按钮，导入刚刚导出的文字素材。❶在预览区域放大视频画面，使其占满屏幕；❷拖曳时间轴至2s位置；❸选择“混合模式”菜单中的“正片叠底”选项，如图6-5所示。

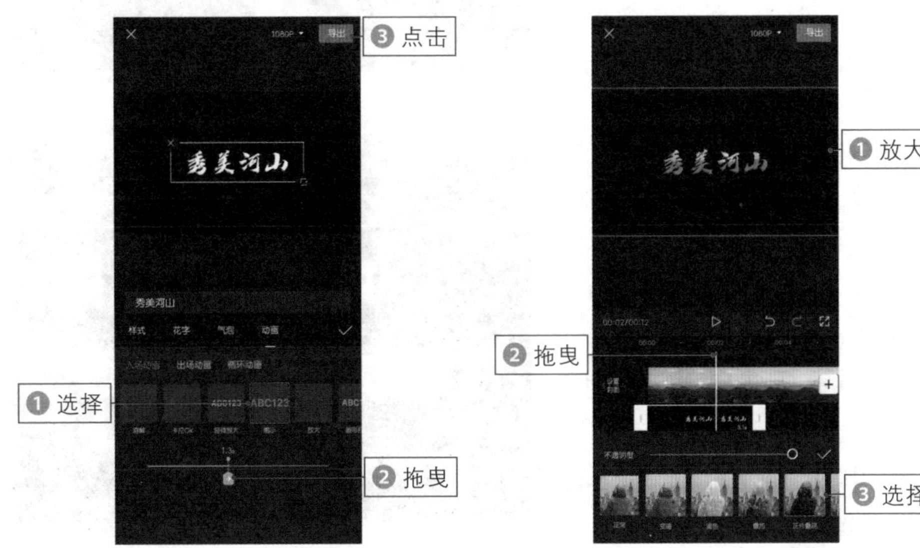

图 6-4 **点击“导出”按钮**

图 6-5 **选择“正片叠底”选项**

066 反转蒙版，显示蒙版外部内容

蒙版显示的是蒙版内部的内容，而反转蒙版则正好相反。下面介绍使用剪映 App 反转蒙版的具体操作方法。

步骤 01 返回并依次点击“分割”按钮和“蒙版”按钮，进入“蒙版”界面，选择“线性”蒙版，如图 6-6 所示。

步骤 02 返回并复制后部分画中画轨道，将其拖曳至原轨道的下方。选择复制的画中画轨道，点击“蒙版”界面中的“反转”按钮，如图6-7所示。

图 6-6 选择“线性”蒙版

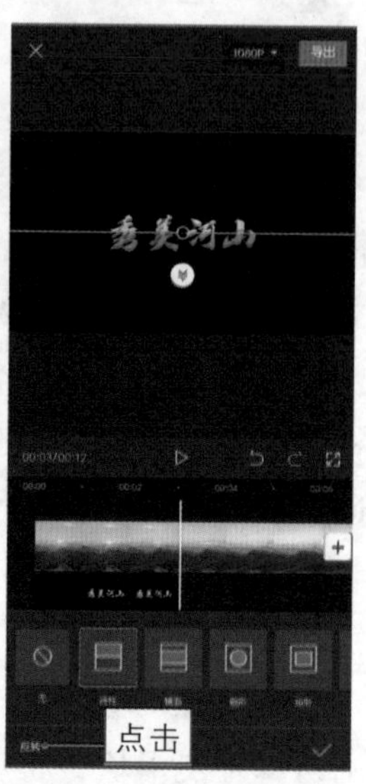

图 6-7 点击“反转”按钮

067 出场动画，离开画面时的动画

出场动画是指一段视频结束后离开画面时的一种动画效果。下面介绍使用剪映 App 制作出场动画的具体操作方法。

步骤 01 ❶返回并为复制的画中画轨道选择一个“出场动画”选项卡中的“向下滑动”动画；❷拖曳滑块，调整动画时长，如图6-8所示。

步骤 02 ❶ 返回并为原画中画轨道选择一个“出场动画”选项卡中的“向上滑动”动画；❷ 拖曳滑块，调整动画时长，如图 6-9 所示。

图6-8 调整动画时长1

图6-9 调整动画时长2

068 剪辑素材，选择最佳视频素材

为了让短视频效果更好，拍摄完视频素材后，还需要对其进行剪辑。下面介绍使用剪映 App 剪辑素材的具体操作方法。

步骤 01 返回并导入其余的视频素材，❶ 选择第 1 段视频轨道；❷ 拖曳时间轴至 5s 位置；❸ 点击“分割”按钮，如图 6-10 所示。

步骤 02 ❶ 选择前部分视频轨道；❷ 点击“删除”按钮，如图 6-11 所示。采用同样的操作方法，选取其余视频中合适的画面。

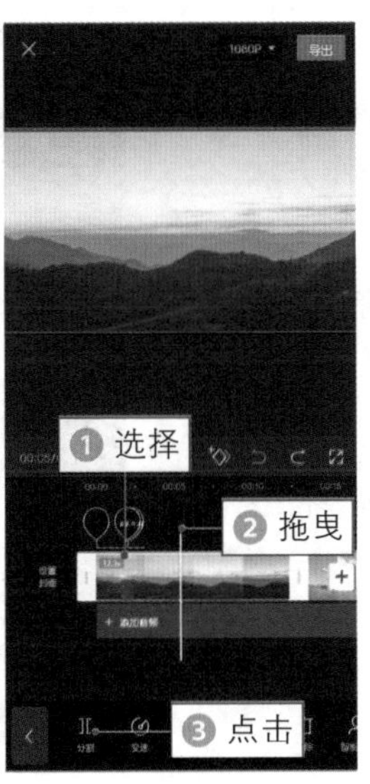

图 6-10 **点击“分割”按钮**

图 6-11 **点击“删除”按钮**

069 水墨转场，典雅国风韵味十足

水墨转场是“遮罩转场”选项卡中的一种转场效果。下面介绍使用剪映 App 添加水墨转场的具体操作方法。

步骤 01 执行上述操作后，点击转场按钮，如图6-12所示。

步骤 02 进入“转场”界面，❶切换至“遮罩转场”选项卡；❷选择“水墨”转场；❸将转场时长设置为1.0s；❹点击“应用到全部”按钮，如图6-13所示。

图 6-12 **点击转场按钮**

图 6-13 **点击“应用到全部”按钮**

070 闭幕特效，增加视频的电影感

闭幕特效是“基础”选项卡中的一种特效。下面介绍使用剪映App添加闭幕特效的操作方法。

步骤 01 返回并点击“特效”按钮，❶切换至“基础”选项卡；❷选择“闭幕”特效，如图6-14所示。

步骤 02 返回并调整特效的出现位置，将特效轨道拖曳至视频轨道的结束位置，如图 6-15 所示。

图 6-14 选择“闭幕”特效

图 6-15 调整特效的出现位置

071 说明文字，便于了解视频内容

说明文字是用来介绍视频内容的一种文字。下面介绍使用剪映 App 制作说明文字的具体操作方法。

步骤 01 ❶返回并拖曳时间轴至片头字幕完全打开的位置；❷依次点击“文字”按钮和“新建文本”按钮，如图6-16所示。

步骤 02 ❶在文本框中输入相应的文字内容；❷在预览区域调整文字的位置和大小，如图6-17所示。

步骤 03 返回并拖曳文字轨道右侧的白色拉杆，调整文字的持

图 6-16 点击“新建文本”按钮

图 6-17 调整文字的位置和大小

续时长，使其与第1个转场的起始位置对齐，如图6–18所示。

步骤04 ❶拖曳时间轴至第1个转场的结束位置；❷添加第2段视频的说明文字，如图6–19所示。采用同样的操作方法，添加其余的说明文字。

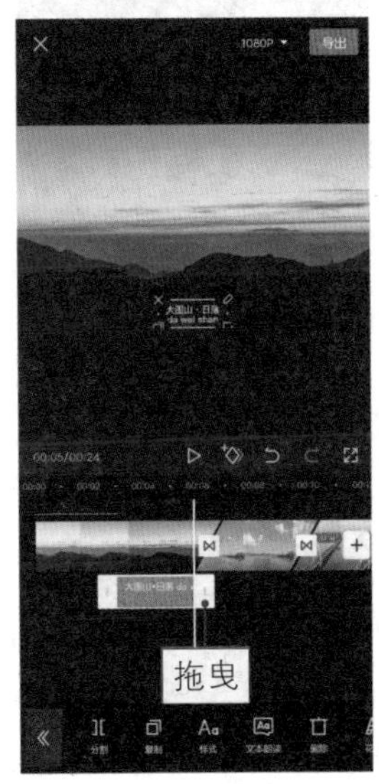

图 6–18 调整文字的持续时长

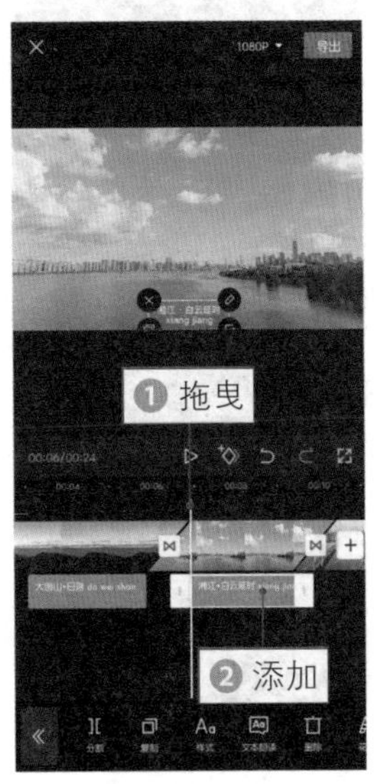

图 6–19 添加说明文字

072 搜索音乐，精准添加背景音乐

搜索音乐可以更加精准地找到需要的背景音乐。下面介绍使用剪映 App 搜索音乐的具体操作方法。

步骤01 ❶拖曳时间轴至视频轨道的起始位置；❷依次点击“音频”按钮和“音乐”按钮，如图6–20所示。

步骤02 ❶在搜索框中输入歌曲名称；❷点击“搜索”按钮，如图6–21所示。

步骤03 进入“添加音乐”界面，❶选择需要的背景音

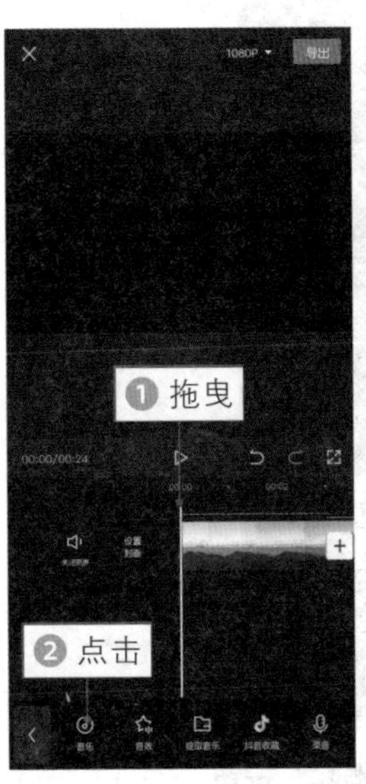

图 6–20 点击“音乐”按钮

图 6–21 点击“搜索”按钮

乐；❷点击“使用”按钮，如图6-22所示。

步骤 04 ❶拖曳时间轴至2s位置；❷点击“分割”按钮，如图6-23所示。

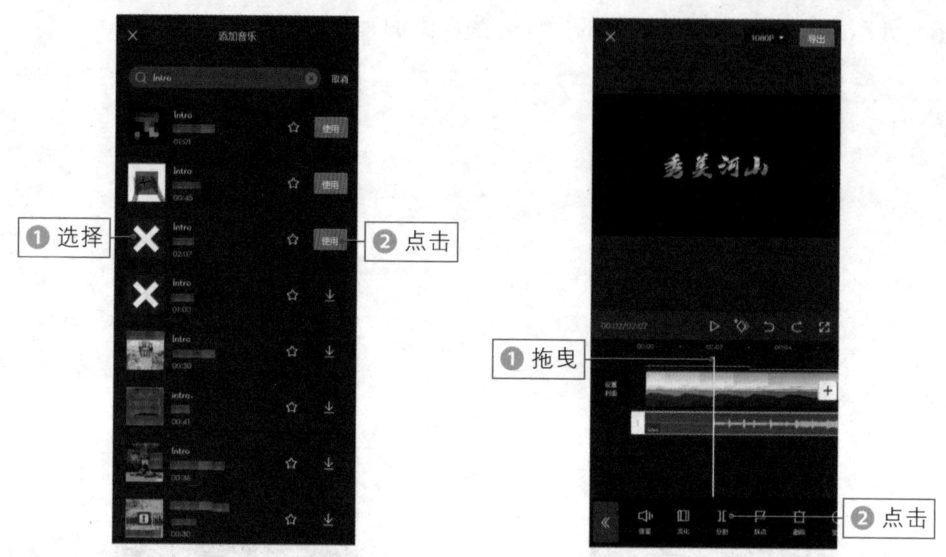

图 6-22 **点击“使用”按钮**

图 6-23 **点击“分割”按钮**

步骤 05 点击“删除”按钮，如图6-24所示。

步骤 06 采用同样的操作方法，裁剪多余的音频轨道，使其与视频时长保持一致，如图6-25所示。

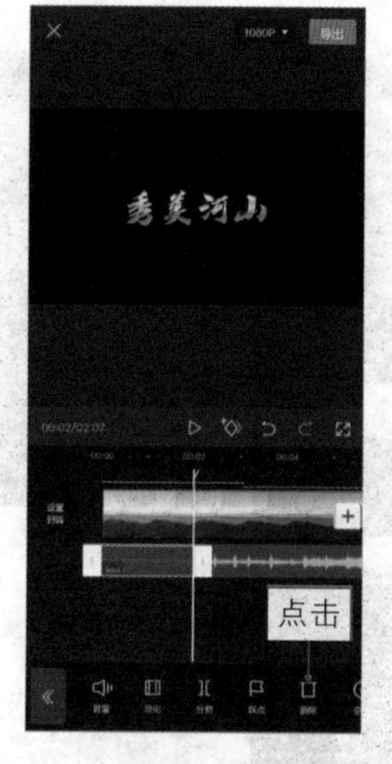

图 6-24 **点击“删除”按钮**

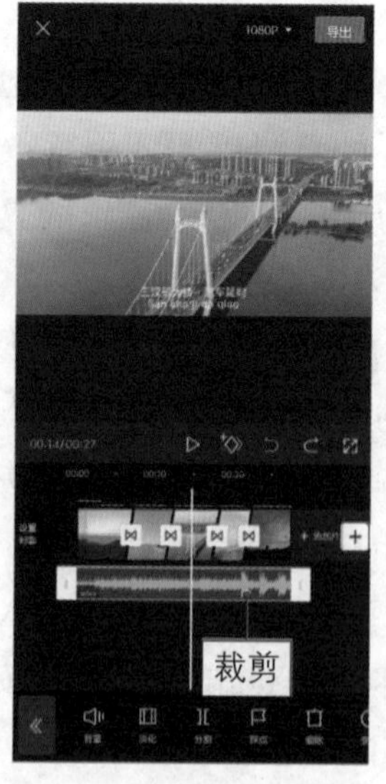

图 6-25 **裁剪音频轨道**

第 7 章

《文艺短片》：照片做成动态视频

制作要点

模糊效果：给画面背景添加模糊特效，制造出一种朦胧唯美的画面效果。

添加特效："氛围"特效选项卡中有许多特效，添加相应的特效后，可以使画面更加丰富多彩。

扫码看效果

扫码看教程

073 调整素材，设置素材的时长

【效果展示】：本案例是一个非常唯美的文艺短片，画面由三屏组成，上下两屏呈现模糊效果，以突出中间一屏的主体，效果如图 7–1 所示。

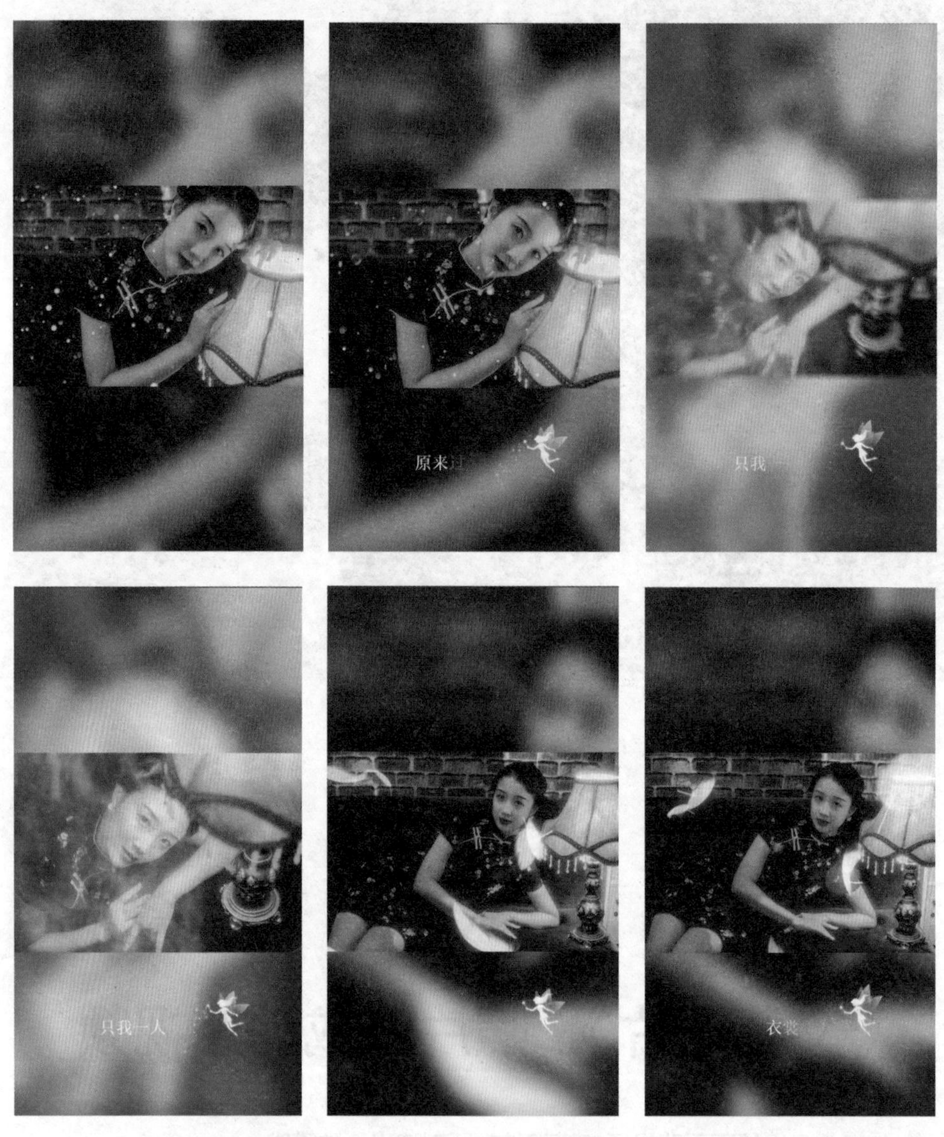

图 7–1 《文艺短片》效果展示

下面介绍使用剪映 App 调整素材的具体操作方法。

步骤 01 在剪映App中导入相应的素材，并添加合适的背景音乐，❶选择第

1段视频轨道；❷拖曳轨道右侧的白色拉杆，将其时长设置为4.5s，如图7-2所示。

步骤 02 采用同样的操作方法，❶将第2段视频时长也设置为4.5s；❷将第3段视频时长设置为3.8s，如图7-3所示。

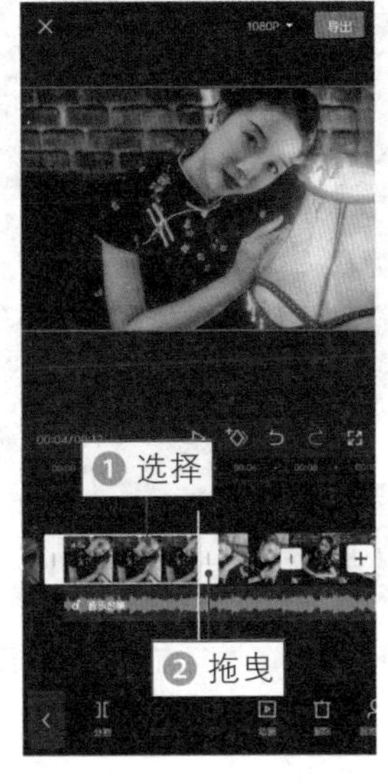

图 7-2 设置第 1 段视频时长

图 7-3 设置其余两段视频时长

074 三屏背景，吸引观众的眼球

三屏背景是指将画面比例设置为 9∶16，将原本横屏的视频画面变成竖屏，这样更能吸引观众的目光。下面介绍使用剪映 App 制作三屏背景的具体操作方法。

步骤 01 返回并点击“比例”按钮，如图 7-4 所示。

步骤 02 选择 9∶16 选项，如图 7-5 所示。

图 7-4 点击“比例”按钮

图 7-5 选择 9∶16 选项

075 画布模糊，给人朦胧唯美感

“画布模糊”是一种背景效果，共分为 4 种不同程度的模糊效果，用户可以根据短视频的需要进行添加。下面介绍使用剪映 App 为短视频添加模糊效果的具体操作方法。

步骤 01 返回并依次点击“背景”按钮和“画布模糊”按钮，如图 7–6 所示。

步骤 02 ❶ 选择第 2 个模糊效果；❷ 点击“应用到全部”按钮，如图 7–7 所示。

图 7–6 点击“画布模糊”按钮

图 7–7 点击“应用到全部”按钮

076 金粉特效，丰富画面的效果

“氛围”特效是一个特效选项卡，其中包括“金粉”“星火炸开”及“星光绽放”等特效。下面介绍使用剪映 App 为短视频添加“氛围”特效的具体操作方法。

步骤 01 ❶ 返回并拖曳时间轴至起始位置；❷ 点击“特效”按钮，如图 7–8 所示。

步骤 02 ❶ 切换至“氛围”选项卡；❷ 选择“粉色闪粉”特效，如图 7–9 所示。

步骤 03 返回并拖曳特效轨道右侧的白色拉杆，调整特效时长，使其与第 1 段视频时长保持一致，

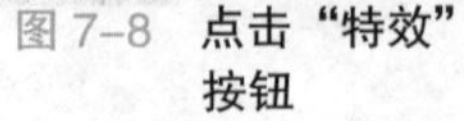

图 7–8 点击“特效”按钮

图 7–9 选择“粉色闪粉”特效

如图 7-10 所示。

步骤 04 返回并点击“新增特效”按钮，如图7-11所示。

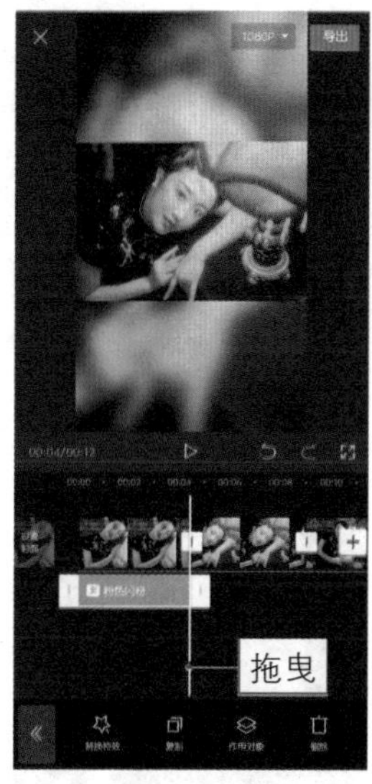

图 7-10 **调整特效时长**

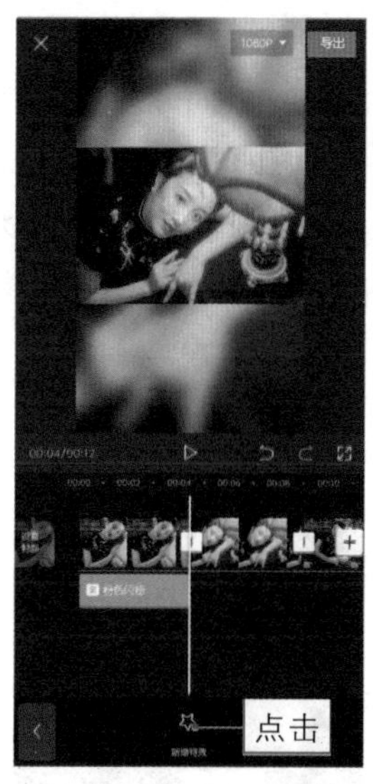

图 7-11 **点击“新增特效”按钮**

077 烟雾特效，给人一种神秘感

“烟雾”特效是“氛围”选项卡中的一种特效，给人一种神秘感，非常适合用在人物短视频中。下面介绍使用剪映 App 添加“烟雾”特效的操作方法。

步骤 01 选择“氛围”选项卡中的“烟雾”特效，如图 7-12 所示。

步骤 02 返回并调整特效时长，使其与第 2 段视频时长保持一致。采用同样的操作方法，为第 3 段视频轨道添加一段“氛围”选卡中的“羽毛”特效，如图 7-13 所示。

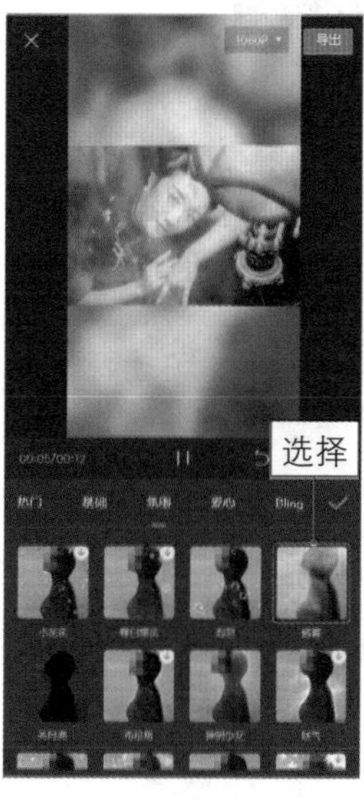

图 7-12 **选择“烟雾”特效**

图 7-13 **为第 3 段视频添加特效**

078　推近转场，画面过渡更流畅

推近转场是“运镜转场”选项卡中的一种转场效果，添加该效果后，画面过渡将更加流畅。下面介绍使用剪映 App 添加推近转场的具体操作方法。

步骤 01 返回并点击转场按钮，如图 7–14 所示。

步骤 02 ❶ 选择“运镜转场”选项卡中的“推近”转场；❷ 拖曳滑块，调整转场时长；❸ 点击“应用到全部”按钮，如图 7–15 所示。

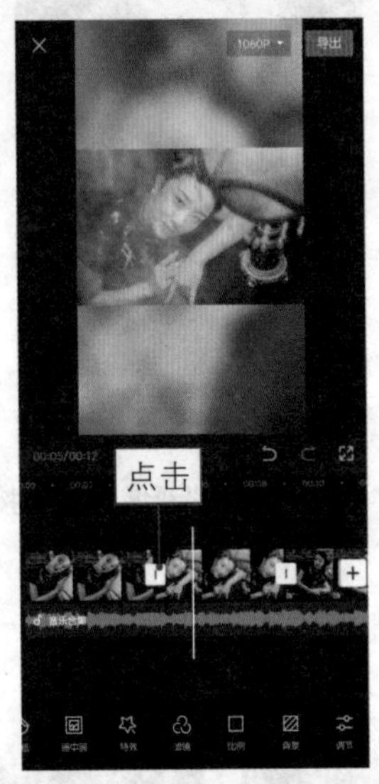

图 7–14　**点击相应按钮**

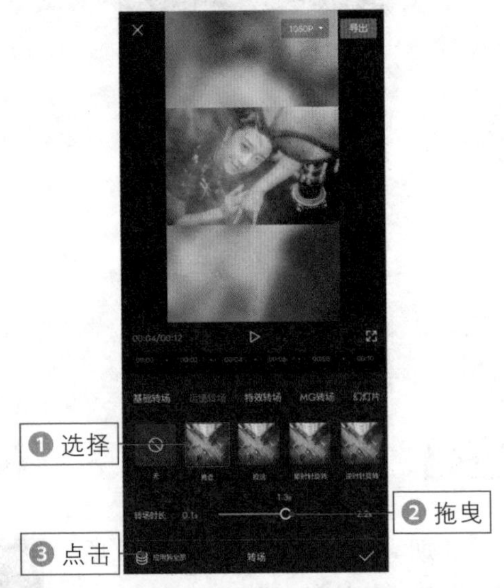

图 7–15　**点击“应用到全部”按钮**

079　打字机动画，文字逐一显现

打字机动画是文字的一种入场动画，添加该动画后，文字能够逐一显现。下面介绍使用剪映 App 为文字添加打字机动画的具体操作方法。

步骤 01 ❶拖曳时间轴至有人声的位置；❷依次点击“文字”按钮和“新建文本”按钮，如图7–16所示。

步骤 02 ❶在文本框中输入相应的歌词；❷选择一个合适的字体样式；❸调整文字的位置和大小；❹点击“动画”按钮，如图7–17所示。

步骤 03 ❶选择“入场动画”选项卡中的“打字机Ⅱ”动画；❷拖曳滑块，调整动画时长，如图7–18所示。

步骤 04 采用同样的操作方法添加其余的字幕，如图7–19所示。

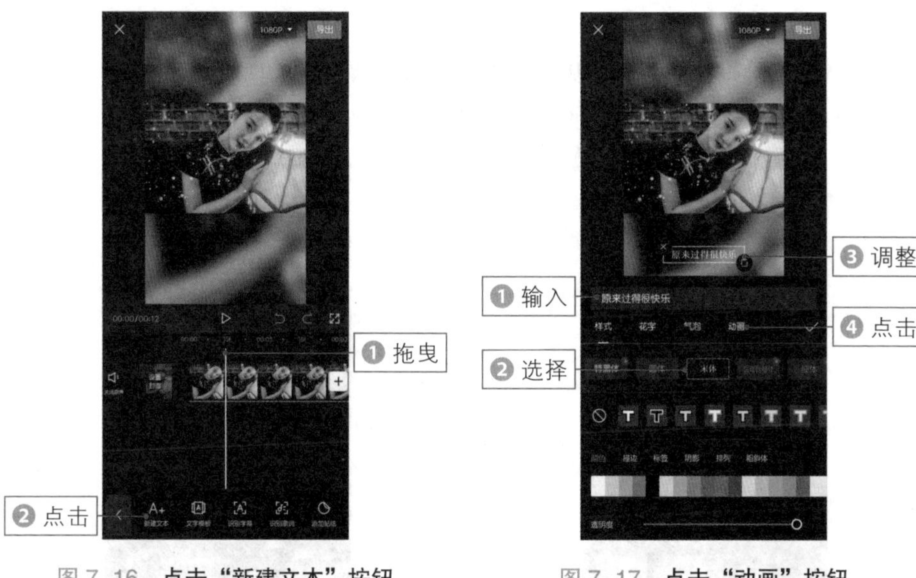

图 7–16　**点击“新建文本”按钮**

图 7–17　**点击“动画”按钮**

图 7–18　**调整动画时长**

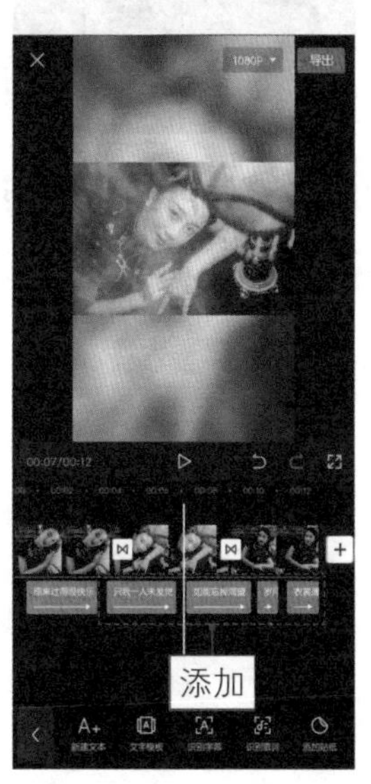

图 7–19　**添加其余字幕**

080　精灵贴纸，增加文字文艺感

精灵贴纸是“热门”选项卡中的一个贴纸。下面介绍使用剪映 App 添加精灵贴纸的具体操作方法。

步骤 01　❶拖曳时间轴至第1段文字轨道的起始位置；❷点击“添加贴纸”

按钮，如图7-20所示。

步骤 02 ❶选择一个精灵贴纸效果；❷在预览区域调整贴纸的位置和大小，如图7-21所示。最后调整贴纸的持续时长，使其与视频时长保持一致。

图 7-20　**点击“添加贴纸”按钮**

图 7-21　**调整贴纸的位置和大小**

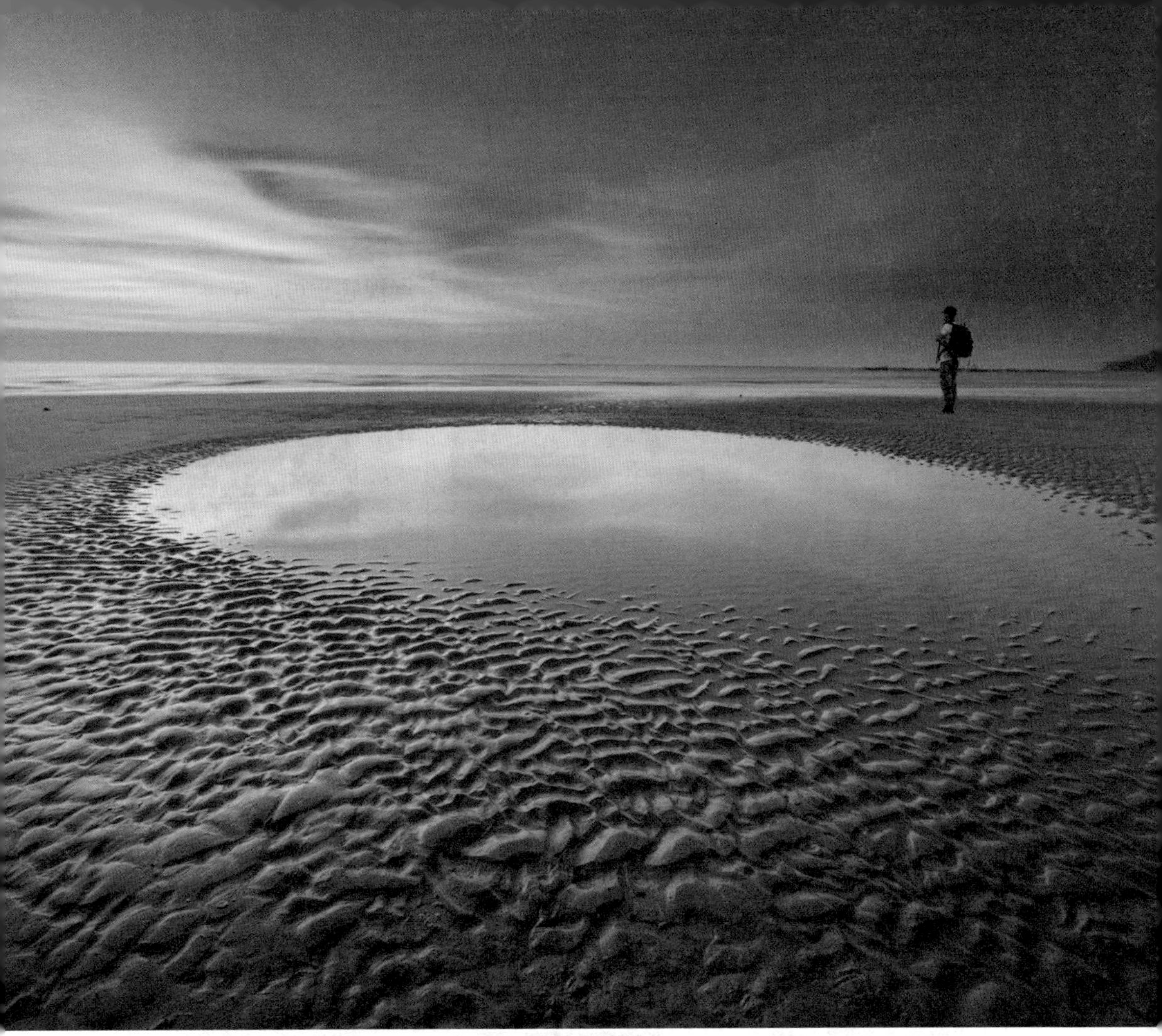

第 8 章

《卡点九宫格》：高手动画轻松玩

准备素材： 在朋友圈发布9张黑色图片，然后截图保存。

组合动画： 添加“组合动画”选项卡中的动画效果。

混合模式： 使用剪映App中的滤色功能将视频与朋友圈截图融合在一起。

扫码看效果

扫码看教程

081 截九宫格，作为备用素材

【效果展示】：本案例将结合朋友圈九宫格制作卡点视频，可以看到，视频画面被放置在朋友圈的九宫格画面中，效果如图 8–1 所示。

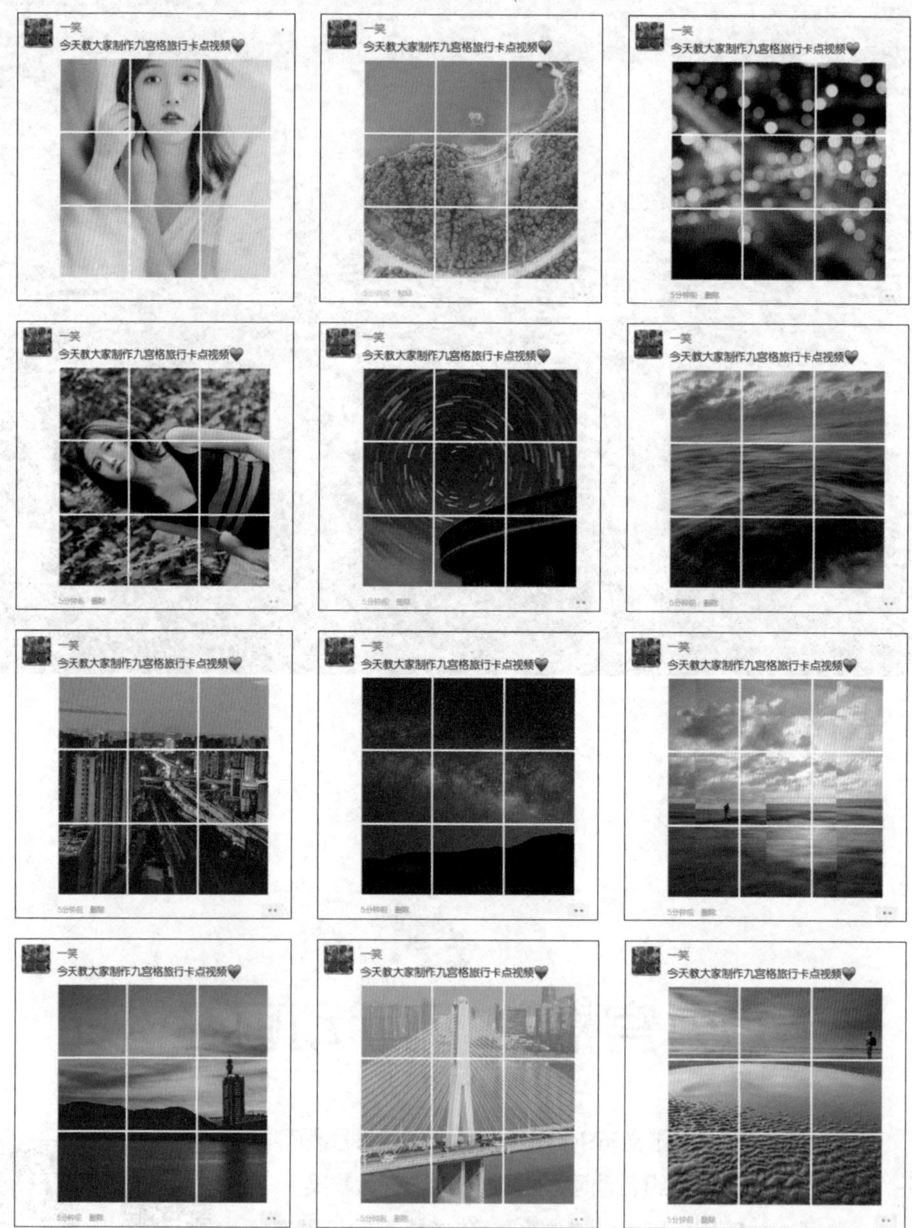

图 8–1 《卡点九宫格》效果展示

在制作《卡点九宫格》视频时，首先要准备一张截图。下面介绍如何截图。

步骤 01 在微信朋友圈中，选择9张黑色图片，并输入文案，点击“发表”按钮，如图8–2所示。

步骤 02 发布成功后，在朋友圈截图保存刚刚发布的九宫格，如图 8–3 所示。

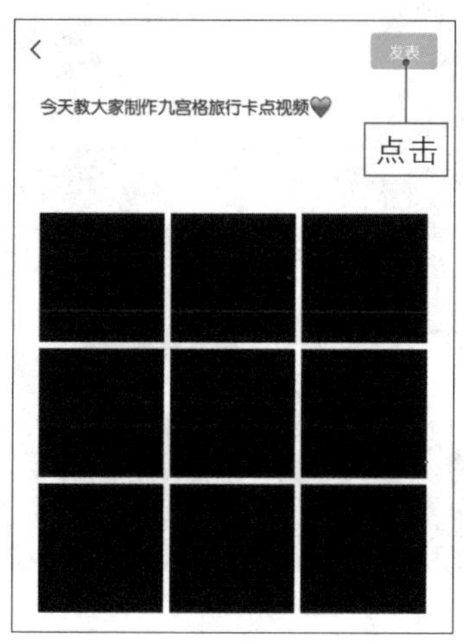

图 8–2 **点击“发表”按钮**

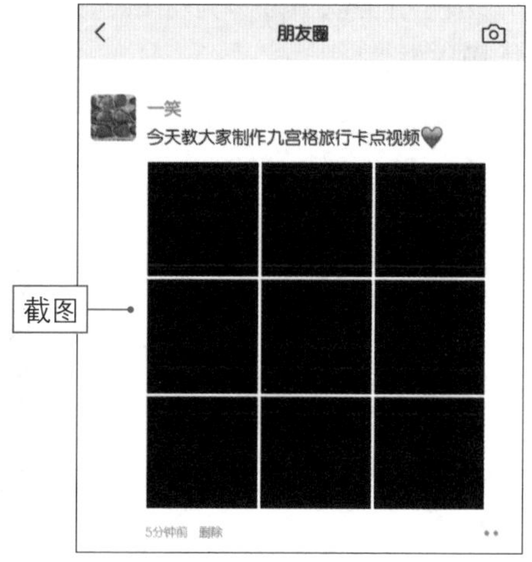

图 8–3 **截九宫格图**

082 调整比例，设为1:1比例

因为九宫格是 1∶1 的比例，所以在制作视频时，也要将视频的画面比例设置为 1∶1。下面介绍使用剪映 App 调整画面比例的具体操作方法。

步骤 01 在剪映App中导入相应的素材，点击下方工具栏中的“比例”按钮，如图8–4所示。

步骤 02 ❶ 在“比例”菜单中选择 1∶1 选项；❷ 调整所有素材的画面大小，使其铺满屏幕，如图 8–5 所示。

图 8–4 **点击“比例”按钮**

图 8–5 **调整素材画面大小**

083 踩节拍点，让卡点更简单

因为是卡点视频，所以最方便的踩点方式就是自动踩点。下面介绍使用剪映 App 踩节拍点的具体操作方法。

步骤 01 返回并添加合适的背景音乐，❶选择音频轨道；❷点击“踩点”按钮，如图8-6所示。

步骤 02 ❶点击“自动踩点”按钮；❷选择“踩节拍I”选项，如图8-7所示。

图 8-6 **点击“踩点”按钮**

图 8-7 **选择“踩节拍 I”选项**

084 调整时长，根据节拍点调

踩点完成后，接下来根据节拍点调整视频时长。下面介绍使用剪映 App 调整视频时长的具体操作方法。

步骤 01 ❶ 选择第 1 段视频轨道；❷ 拖曳轨道右侧的白色拉杆，调整视频时长，使其与第 1 个节拍点对齐，如图 8-8 所示。

步骤 02 采用同样的操作方法，调整其余视频的时长，并删除多余的音频轨道，如图 8-9 所示。

图 8-8 **调整视频时长**

图 8-9 **删除多余的音频轨道**

085 组合动画，让画面有动感

组合动画是视频的一个动画选项卡，其中包括“旋转降落”“缩小旋转”及“旋转缩小”等动画。下面介绍使用剪映 App 添加组合动画的具体操作方法。

步骤 01 ❶ 选择第 1 段视频轨道；❷ 依次点击“动画”按钮和“组合动画”按钮，如图 8-10 所示。

步骤 02 选择“旋转降落”动画，如图 8-11 所示。

步骤 03 ❶ 选择第 2 段视频轨道；❷ 选择“左拉镜”动画，如图 8-12 所示。

步骤 04 采用同样的操作方法，为其余视频添加合适的动画效果，如图 8-13 所示。

图 8-10 点击“组合动画”按钮

图 8-11 选择“旋转降落”动画

图 8-12 选择“左拉镜”动画

图 8-13 为其余视频添加动画效果

086 混合模式，画面之间叠加

混合模式是指画面与画面之间叠加在一起的模式，其中包括“变暗”“滤色”及“叠加”等模式。下面介绍使用剪映 App 添加混合模式的具体操作方法。

步骤 01 ❶返回并拖曳时间轴至起始位置；❷依次点击“画中画”按钮和“新增画中画”按钮，如图8-14所示。

步骤 02 导入刚刚截取的九宫格图片，❶在预览区域放大九宫格截图，使其占满屏幕；❷拖曳画中画轨道右侧的白色拉杆，调整九宫格图片的时长，使其与视频时长保持一致；❸点击“混合模式”按钮，如图8-15所示。

步骤 03 选择“滤色”选项，如图8-16所示。

步骤 04 ❶拖曳时间轴至起始位置；❷点击“新增画中画”按钮，如图8-17所示。

图 8-14 **点击“新增画中画”按钮**

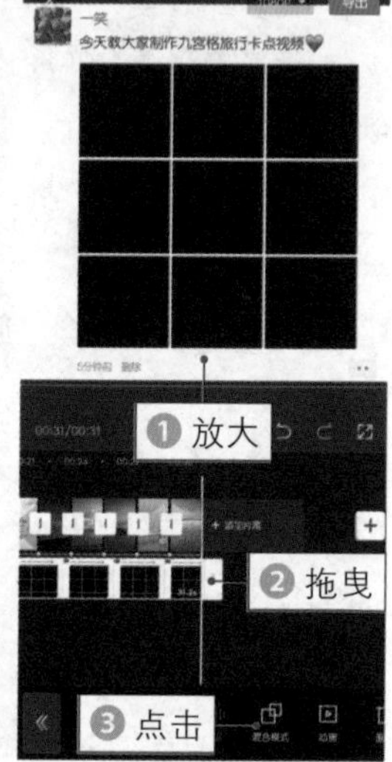

图 8-15 **点击“混合模式”按钮**

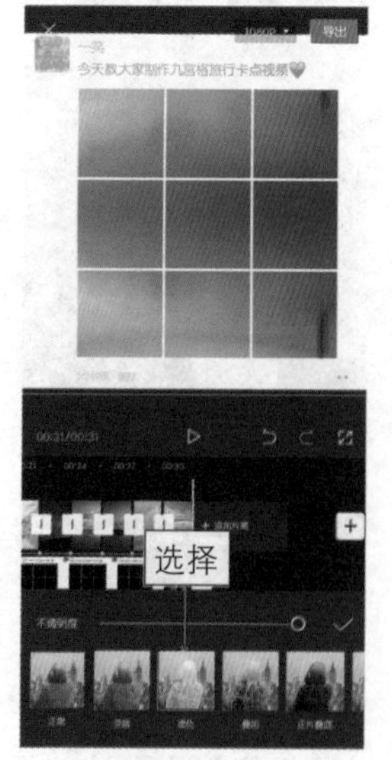

图 8-16 **选择“滤色”选项**

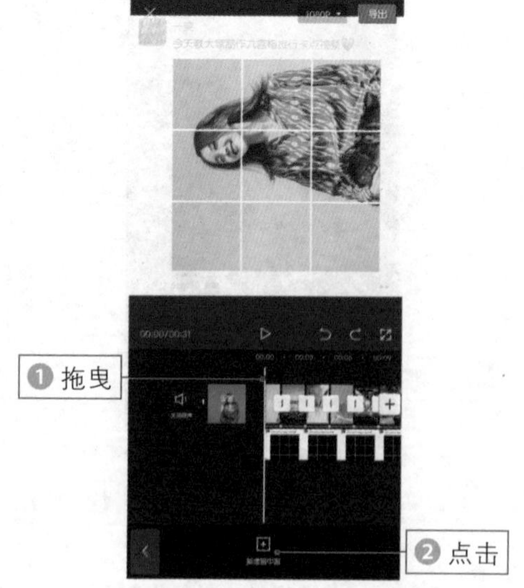

图 8-17 **点击“新增画中画”按钮**

087 裁剪画面，裁掉多余部分

裁剪画面可以有选择性地裁掉不需要的画面。下面介绍使用剪映 App 裁剪画面的具体操作方法。

步骤 01 再次导入前面截取的九宫格图片，点击"编辑"按钮，如图 8–18 所示。

步骤 02 点击"裁剪"按钮，如图8–19所示。

步骤 03 进入"裁剪"界面，将截图上方的名字和文案裁剪出来，如图8–20所示。

步骤 04 ❶ 在预览区域调整第 2 段画中画素材的位置和大小；❷ 拖曳第 2 段画中画轨道右侧的白色拉杆，调整时长，使其与视频时长保持一致，如图 8–21 所示。

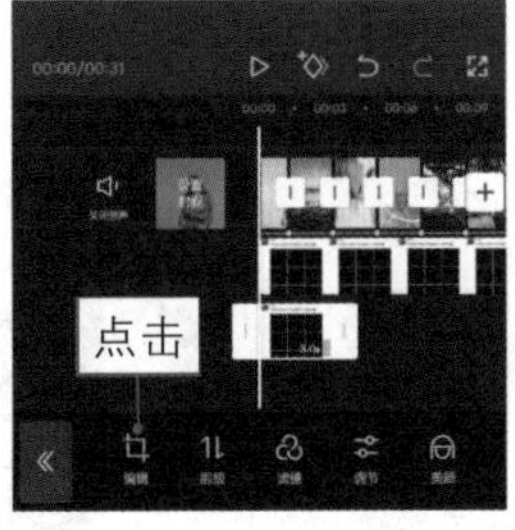

图 8–18 点击"编辑"按钮

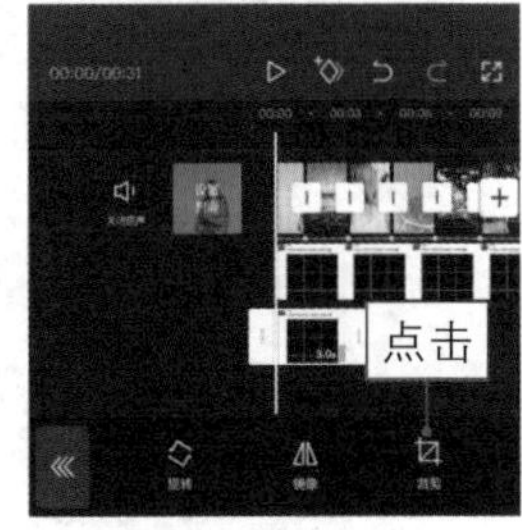

图 8–19 点击"裁剪"按钮

图 8–20 裁剪截图

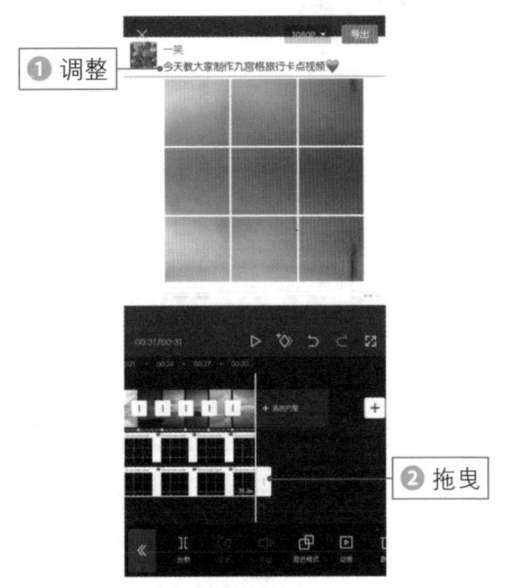

图 8–21 调整时长

第 9 章

《动感爱心》：极具感染和冲击力

添加滤镜：添加“清新”选项卡中的“初见”滤镜后，使画面色调略微偏粉色，更有少女感。

蒙版拼图：将第1段素材的画面分成3部分，分别从左右两边滑入，画面不仅有创意，而且更有趣味性和动感。

添加特效：主要添加爱心特效和动感特效。

扫码看效果

扫码看教程

088 整理素材，根据音乐调整

【效果展示】：本案例是一个极具感染力和冲击力的短视频，画面色调整体呈现出少女感的粉色调，非常富有动感，并且每一帧都非常漂亮，效果如图 9-1 所示。

图 9-1 《动感爱心》效果展示

下面介绍使用剪映 App 整理素材的具体操作方法。

步骤 01 在剪映App中导入相应的素材，并添加合适的背景音乐，为音频轨道添加相应的节拍点，如图9-2所示。

步骤 02 ❶选择第1段视频轨道；❷拖曳其右侧的白色拉杆，调整视频时长，使其与音频轨道上的第1个节拍点对齐，如图9-3所示。采用同样的操作方法，整理其余素材的时长。

图 9–2　**添加节拍点**

图 9–3　**调整视频时长**

089　初见滤镜，粉粉的少女感

初见滤镜是“清新”选项卡中的一种滤镜效果。下面介绍使用剪映 App 添加初见滤镜的具体操作方法。

步骤 01 ❶选择第1段视频轨道；❷点击“滤镜”按钮，如图9–4所示。

步骤 02 ❶选择“清新”选项卡中的“初见”滤镜；❷拖曳白色圆环滑块，调整滤镜应用程度参数；❸点击“应用到全部”按钮，如图9–5所示。

图 9–4　**点击“滤镜”按钮**

图 9–5　**点击“应用到全部”按钮**

090 蒙版拼图，镜面蒙版分屏

蒙版拼图是利用镜面蒙版将画面分成上、中、下 3 屏均等的画面。下面介绍使用剪映 App 制作蒙版拼图的具体操作方法。

步骤 01 返回并点击“蒙版”按钮，如图9–6所示。

步骤 02 进入“蒙版”界面，❶ 选择“镜面”蒙版；❷ 在预览区域适当放大蒙版，如图 9–7 所示。

步骤 03 返回并点击“复制”按钮，如图 9–8 所示。

步骤 04 返回并点击“画中画”按钮，❶ 选择复制的视频轨道；❷ 点击“切画中画”按钮，如图 9–9 所示。

步骤 05 采用同样的操作方法，再复制一遍第 1 段视频轨道，调整两段画中画轨道的位置，使其与第 1 段视频轨道对齐，如图 9–10 所示。

图 9–6 **点击“蒙版”按钮**

图 9–7 **放大蒙版**

图 9–8 **点击“复制”按钮**

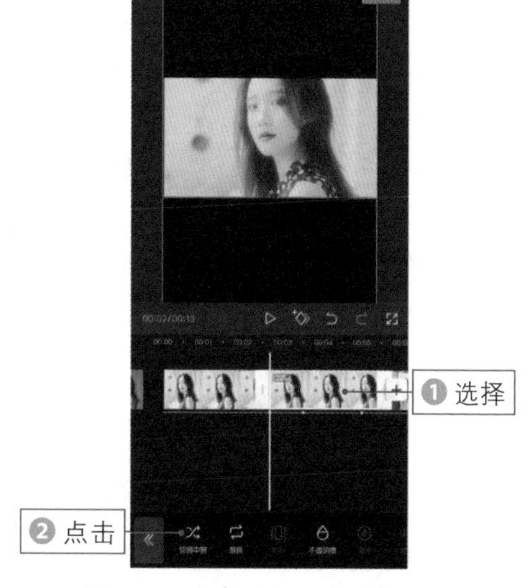

图 9–9 **点击“切画中画”按钮**

步骤 06 ❶选择第1段画中画轨道；❷点击“蒙版”按钮，如图9-11所示。

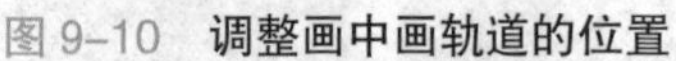

图 9-10　**调整画中画轨道的位置**

图 9-11　**点击“蒙版”按钮**

步骤 07 在预览区域向上拖曳蒙版，如图9-12所示。

步骤 08 采用同样的操作方法，将第 2 段画中画轨道的蒙版向下拖曳，使画面拼凑完整，如图 9-13 所示。

图 9-12　**向上拖曳蒙版**

图 9-13　**向下拖曳蒙版**

091 入场动画，动感放大动画

入场动画是视频进入画面时的一种动画效果，包括“向右甩入”“向下甩入”及“动感放大”等动画。下面介绍使用剪映 App 添加入场动画的具体操作方法。

步骤 01 ❶返回并选择第 3 段视频轨道；❷点击“动画”按钮，如图 9-14 所示。

步骤 02 点击“入场动画”按钮，如图 9-15 所示。

步骤 03 ❶选择“动感放大”动画；❷拖曳白色圆环滑块，将动画时长调整至最大，如图 9-16 所示。

图 9-14 **点击“动画”按钮**

图 9-15 **点击“入场动画”按钮**

步骤 04 ❶选择第4段视频轨道；❷选择“向右甩入”动画；❸拖曳白色圆环滑块，将动画时长调整至1.0s，如图9-17所示。

图 9-16 **调整动画时长 1**

图 9-17 **调整动画时长 2**

092 滑动动画，三屏交错进入

滑动动画也是一类“入场动画”，是指向左、向右、向下或向上滑动的一类入场动画效果。下面介绍使用剪映 App 添加滑动动画的具体操作方法。

步骤 01 ❶选择第1段视频轨道；❷选择“向左滑动”动画；❸拖曳白色圆环滑块，将动画时长调整至最大，如图9–18所示。

步骤 02 采用同样的操作方法，为两段画中画轨道添加“向右滑动”动画，点击▷按钮，播放并预览视频效果，如图 9–19 所示。

图 9–18 调整动画时长

图 9–19 播放预览视频效果

093 爱心特效，甜蜜爱心冲击

爱心特效是一个特效选项卡，其中包括“怦然心动”“爱心跳动”及“彩虹爱心”等特效。下面介绍使用剪映 App 添加爱心特效的具体操作方法。

步骤 01 ❶返回并拖曳时间轴至第3段视频轨道的起始位置；❷点击“特效”按钮，如图9–20所示。

步骤 02 ❶切换至“爱心”选项卡；❷选择“彩虹爱心”特效，如图9–21所示。

步骤 03 返回并拖曳特效轨道右侧的白色拉杆，调整特效时长，

图 9–20 点击“特效”按钮

图 9–21 选择“彩虹爱心”特效

使其与第 5 段视频轨道的起始位置对齐，如图 9–22 所示。

步骤 04 返回并点击“新增特效”按钮，选择“爱心”选项卡中的“爱心泡泡”特效，如图9–23所示。

图 9–22 **调整特效时长**

图 9–23 **选择“爱心泡泡”特效**

094 动感特效，制作动态照片

动感特效也是一个特效选项卡，其中包括“瞬间模糊”“抖动”及“灵魂出窍”等特效。下面介绍使用剪映 App 添加动感特效的具体操作方法。

步骤 01 返回并点击“新增特效”按钮，❶ 切换至“动感”选项卡；❷ 选择“抖动”特效，如图 9–24 所示。

步骤 02 返回并拖曳时间轴至第 2 段视频轨道的起始位置，点击“新增特效”按钮，选择“水波纹”特效，如图 9–25 所示。

图 9–24 **选择“抖动”特效**

图 9–25 **选择“水波纹”特效**

095 特效转场，闪动光斑转场

特效转场是一个转场选项卡，其中包括“粒子”“雪花故障”及“放射”等转场效果。下面介绍使用剪映App添加特效转场的具体操作方法。

步骤 01 返回并点击第4个转场按钮[I]，如图9-26所示。

步骤 02 ❶ 切换至“特效转场”选项卡；❷ 选择“闪动光斑”转场；❸ 拖曳白色圆环滑块，调整转场时长，如图 9-27 所示。

图 9-26 点击转场按钮

图 9-27 调整转场时长

096 循环动画，文字动画效果

循环动画是文字动画效果中一个选项卡，其中包括“逐字放大”“心跳”及“故障闪动”等动画。下面介绍使用剪映 App 为文字添加循环动画的具体操作方法。

步骤 01 返回并使用“识别歌词”功能添加字幕，❶ 选择第 1 段文字轨道；❷ 点击“样式”按钮，如图 9-28 所示。

步骤 02 ❶ 选择字体样式；❷ 在预览区域适当放大文字；❸ 点击“花字”按钮，如图 9-29 所示。

图 9-28 点击“样式”按钮

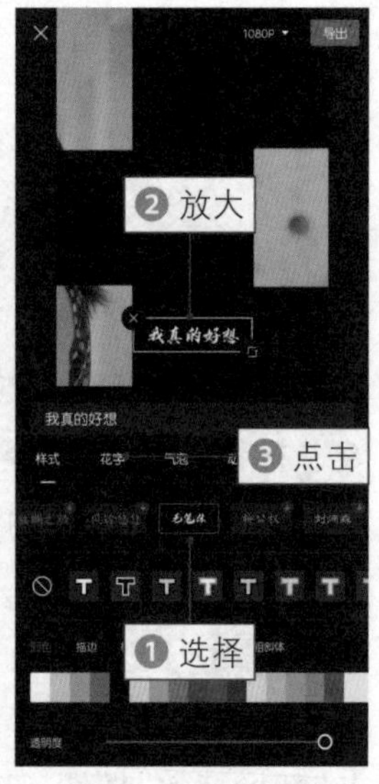

图 9-29 点击“花字”按钮

步骤 03 ❶选择一个合适的花字样式；❷点击“动画”按钮，如图9–30所示。

步骤 04 ❶切换至“循环动画”选项卡；❷选择“波浪”动画；❸拖曳白色圆环滑块，适当调整动画速度，如图9–31所示。

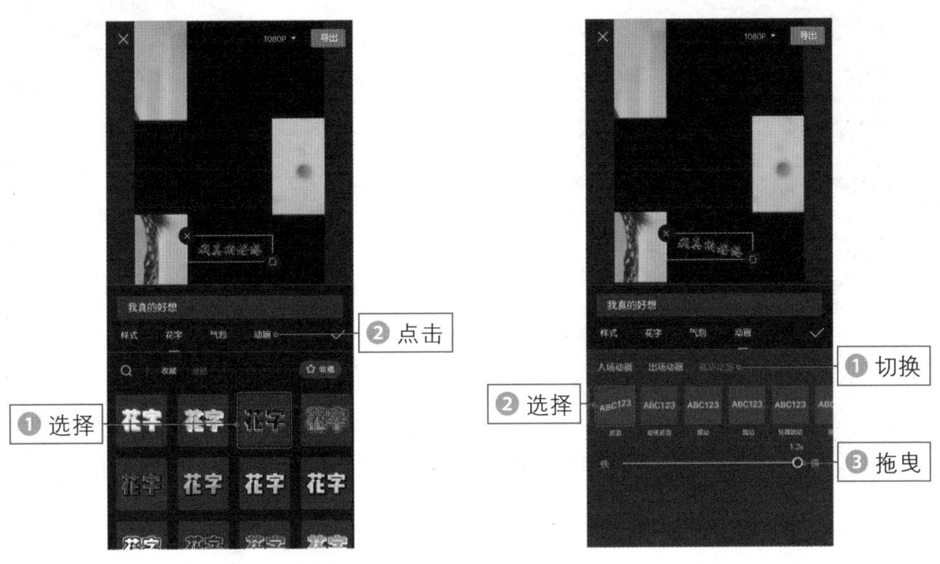

图 9–30 **点击“动画”按钮 1**

图 9–31 **调整动画速度 1**

步骤 05 采用同样的操作方法，为后面 4 段文字添加“循环动画”选项卡中的“波浪”动画，❶ 选择最后一段文字轨道；❷ 点击“动画”按钮，如图 9–32 所示。

步骤 06 ❶ 选择“循环动画”选项卡中的“心跳”动画；❷ 拖曳白色圆环滑块，适当调整动画速度，如图 9–33 所示。

图 9–32 **点击“动画”按钮 2**

图 9–33 **调整动画速度 2**

第 10 章

《漫画变身》：让短视频更加惊艳

制作要点

漫画效果：添加日漫效果和黑白线描双重漫画效果。

作用对象：剪映App中添加的特效默认放在视频轨道上，但根据需要也可以更换特效所作用的对象。

关键帧蒙版：通过添加关键帧可以制作蒙版的移动效果。

扫码看效果

扫码看教程

097 甩入动画，炫酷地进入画面

【效果展示】：本案例是一个非常惊艳的变身短视频，人物一开始是黑白线条漫画的样子，接着变成了日漫的样子，通过应用关月亮特效，将真实的人物照片甩入画面，效果如图 10–1 所示。

图 10–1 《漫画变身》效果展示

下面介绍使用剪映 App 为短视频添加甩入动画的具体操作方法。

步骤 01 在剪映App中导入一段素材，并添加合适的背景音乐，❶将视频时长设置为10s；❷拖曳时间轴至6s位置；❸点击“分割”按钮，如图10–2所示。

步骤 02 ❶选择第2段视频轨道；❷依次点击“动画”按钮和“入场动画”按钮，如图10-3所示。

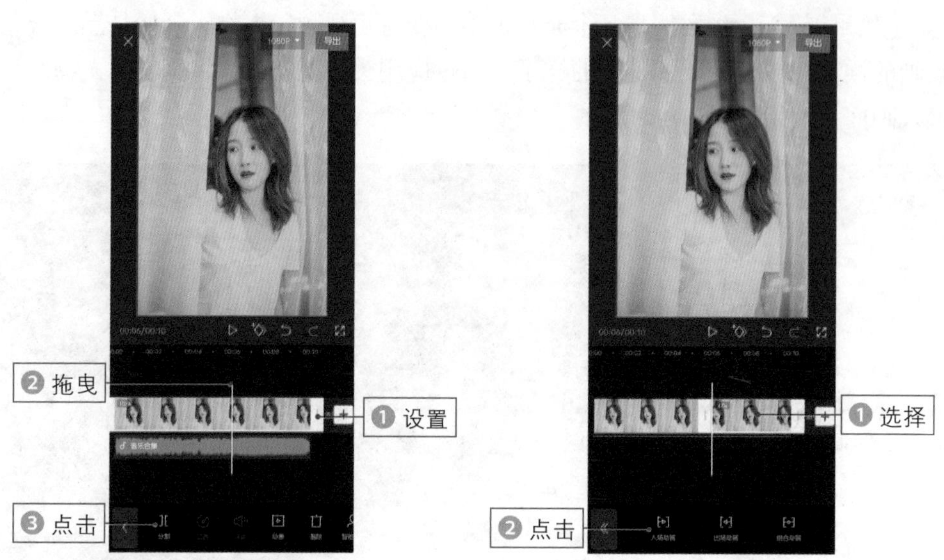

图 10-2 **点击“分割”按钮**

图 10-3 **点击“入场动画”按钮**

步骤 03 ❶选择“向右下甩入”动画；❷拖曳滑块，将动画时长调整为2.0s，如图10-4所示。

步骤 04 ❶返回并选择第1段视频轨道；❷点击“复制”按钮，如图10-5所示。

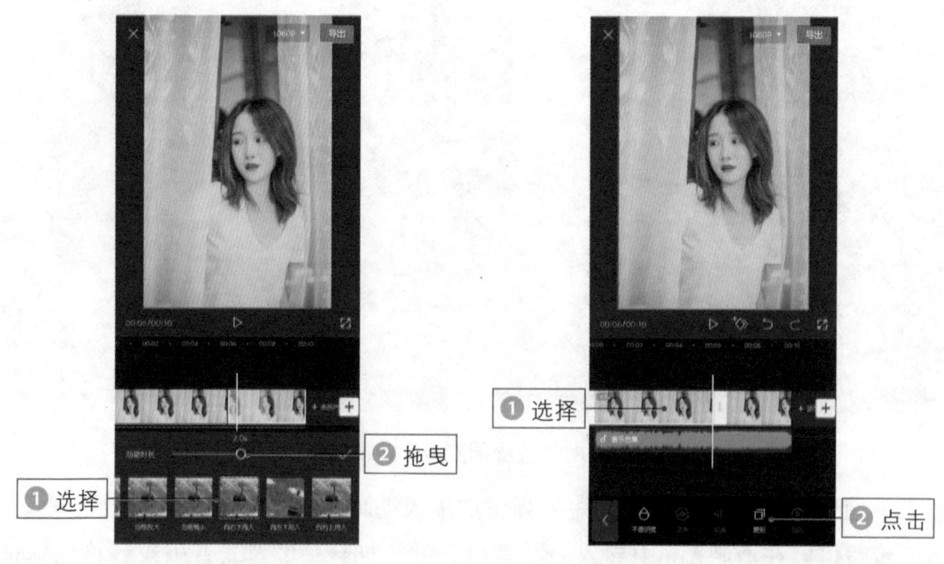

图 10-4 **调整动画时长**

图 10-5 **点击“复制”按钮**

098 日漫玩法，清新甜美的风格

日漫玩法是漫画中的一种玩法，添加该玩法后，人物将会变成日系漫画人物，十人甜美可爱。下面介绍具体的操作方法。

步骤 01 点击“漫画”按钮，进入“玩法”界面，选择“日漫”选项，如图 10–6 所示。

步骤 02 返回并点击“画中画”按钮，❶ 选择复制的视频轨道；❷ 点击“切画中画”按钮，如图 10–7 所示。

图 10–6 **选择“日漫”选项**

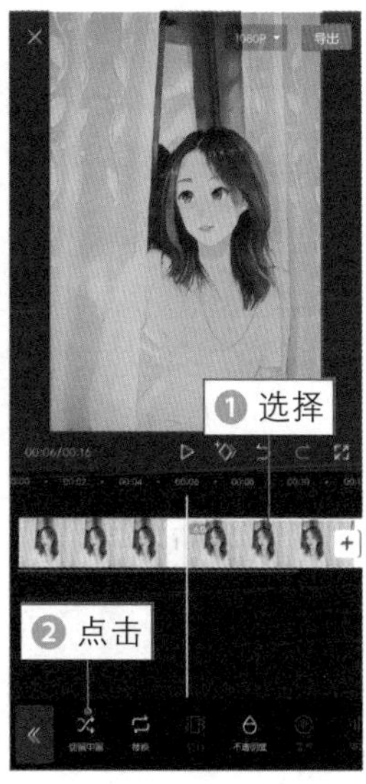

图 10–7 **点击“切画中画”按钮**

099 黑白线描，简约风格的漫画

黑白线描是“漫画”特效选项卡中的一种特效，添加该特效后，画面人物将变成黑色线条人物。下面介绍具体的操作方法。

步骤 01 执行操作后，将画中画轨道拖曳至起始位置，返回并点击“特效”按钮，如图10–8 所示。

步骤 02 ❶ 切换至“漫画”选项卡；❷ 选择“黑白线描”特效，如图 10–9 所示。

图 10–8 **点击“特效”按钮**

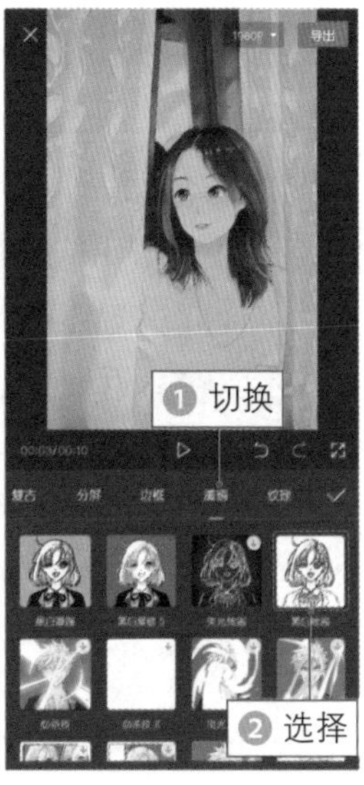

图 10–9 **选择“黑白线描”特效**

100 关月亮特效，变身转场特效

关月亮特效是“氛围”选项卡中的一种特效，适合用作变身视频中的转场效果。下面介绍具体的操作方法。

步骤 01 返回并拖曳特效轨道右侧的白色拉杆，调整特效时长，使其与第 1 段视频轨道的时长保持一致，如图 10-10 所示。

步骤 02 返回并点击“新增特效”按钮，❶ 切换至“氛围”选项卡；❷ 选择“关月亮”特效，如图 10-11 所示。

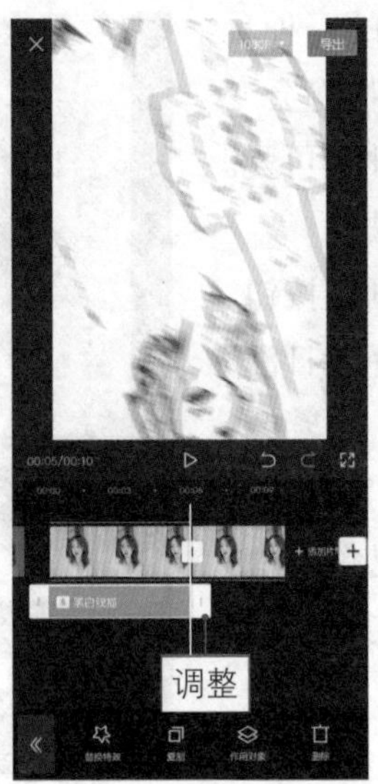

图 10-10 调整特效时长

图 10-11 选择“关月亮”特效

101 作用对象，更换特效的位置

视频的轨道有两种，一种是视频轨道，一种是画中画轨道，作用对象是指特效作用在视频轨道上还是作用在画中画轨道上。下面介绍具体的操作方法。

步骤 01 返回并点击“作用对象”按钮，如图10-12所示。

步骤 02 进入“作用对象”界面，选择“画中画”选项，如图10-13所示。

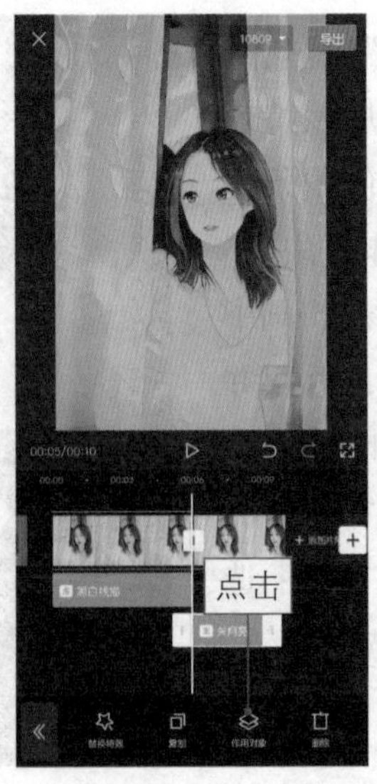

图 10-12 点击“作用对象”按钮

图 10-13 选择“画中画”选项

102 关键帧蒙版，制作移动效果

关键帧蒙版是指给蒙版添加关键帧，制作移动的蒙版。下面介绍使用剪映 App 为蒙版添加关键帧的具体操作方法。

步骤 01 ① 返回并调整特效出现的位置；② 采用同样的操作方法，再添加一个“氛围”选项卡中的“星火炸开”特效和“光影”选项卡中的“钻光”特效，并调整特效时长，使其与第 2 段视频时长保持一致，如图 10-14 所示。

步骤 02 ① 返回并拖曳时间轴至起始位置；② 选择画中画轨道；③ 点击关键帧按钮，添加一个关键帧；④ 点击“蒙版”按钮，如图 10-15 所示。

步骤 03 ① 选择“线性”蒙版；② 在预览区域调整蒙版的位置，将其拖曳至顶部，如图 10-16 所示。

步骤 04 ① 拖曳时间轴至画中画轨道的结束位置；② 在预览区域调整蒙版的位置，将其拖曳至底部，如图 10-17 所示。

图 10-14 调整特效时长

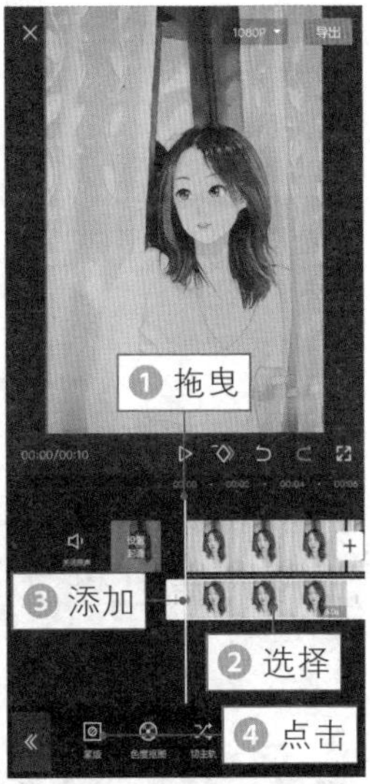

图 10-15 点击“蒙版”按钮

图 10-16 调整蒙版位置 1

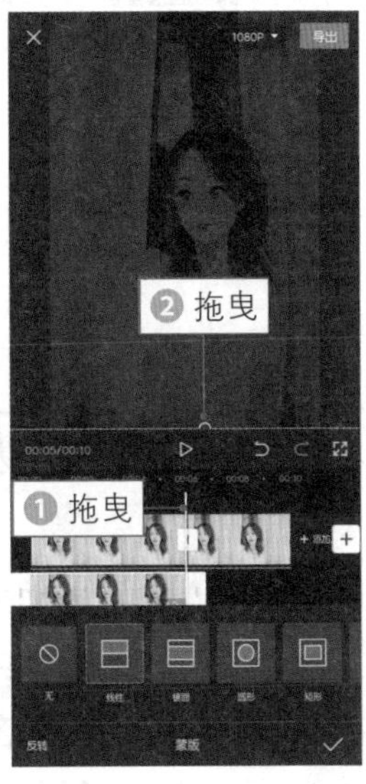

图 10-17 调整蒙版位置 2

第 11 章

《片头切换》：制作视频高阶镜头

制作要点

镜面蒙版：添加该蒙版后，画面会被分成3部分，画面中只能看到蒙版内的内容，蒙版外的两侧内容将会被遮住。

导入导出：导入视频素材，导出最终效果。

线性蒙版：与镜面蒙版类似，画面会被分成两部分。

扫码看效果

扫码看教程

103 素材库，剪映自带素材资源

【效果展示】：本案例常常被用作片头切换，通过分割白色线条完成视频画面之间的转场，既有创意，又有时尚感，非常高级，效果如图 11-1 所示。

图 11-1 《片头切换》效果展示

下面介绍添加剪映 App 自带的素材资源的具体操作方法。

步骤 01 在剪映App中导入一段素材，依次点击“画中画”按钮和“新增画中画”按钮，如图11-2所示。

步骤 02 进入“照片视频”界面，切换至“素材库”选项，如图11-3所示。

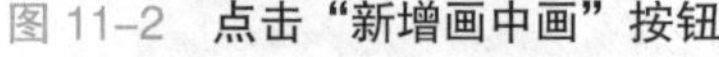
图 11-2 **点击“新增画中画”按钮**

图 11-3 **切换至“素材库”选项**

步骤 03 进入“素材库”界面，❶在“黑白场”选项卡中选择一个剪映系统自带的白色背景素材；❷点击“添加”按钮，如图11-4所示。

步骤 04 导入白色背景素材，❶在预览区域放大画面，使其占满屏幕；❷点击工具栏中的“蒙版”按钮，如图11-5所示。

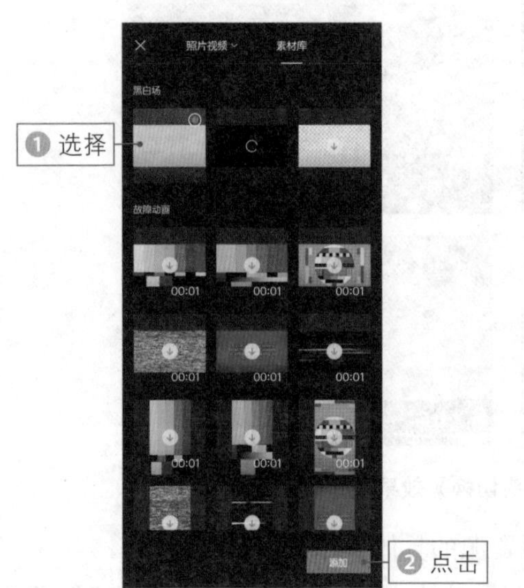

图 11-4 **点击“添加”按钮**

图 11-5 **点击“蒙版”按钮**

104 镜面蒙版，制作白色的线条

镜面蒙版是剪映 App 提供的蒙版之一，除此之外，还有许多其他形状的蒙版。下面介绍使用剪映 App 添加镜面蒙版的具体操作方法。

步骤 01 进入“蒙版”界面后，❶选择“镜面”蒙版；❷双指在预览区域将镜面蒙版缩小成线条，并调整至想要分割的位置，如图11-6所示。

步骤 02 ❶返回并拖曳时间轴至1s位置；❷点击◇按钮，如图11-7所示。

图 11-6 **调整蒙版位置**

图 11-7 **点击相应按钮**

105 导入导出，制作移动的线条

导入导出是指导入视频素材，以及制作完成后对其进行导出的一系列操作。下面介绍使用剪映 App 导入导出视频的具体操作方法。

步骤 01 执行操作后添加一个关键帧，❶ 拖曳时间轴至起始位置；❷ 在预览区域将线条向上拖曳，直至移出画面；❸ 自动生成关键帧；❹ 点击“导出”按钮，如图 11-8 所示。

步骤 02 执行操作后，将显示导出进度，如图11-9所示。

步骤 03 导出完成后，点击‹按钮返回主界面，点击“开始创作”按钮，如图11-10所示。

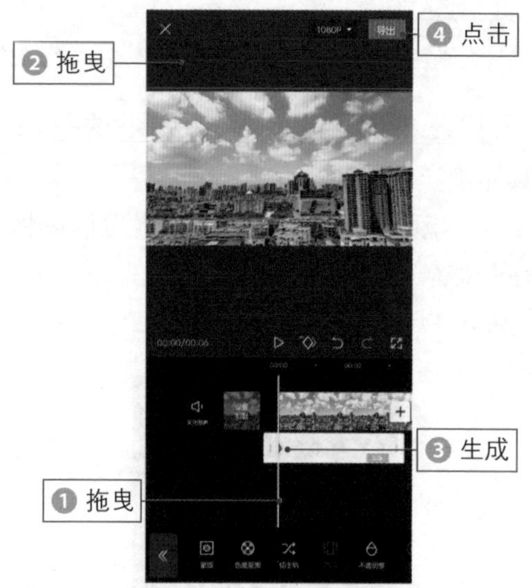

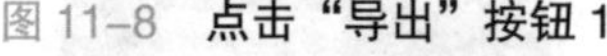

图 11-8 **点击“导出”按钮 1**

图 11-9 **显示导出进度**

步骤 04 导入第2段素材，用与第104节同样的操作方法，为其制作一条从左向右移动的线条，如图11-11所示。

图 11-10 **点击“开始创作”按钮**

图 11-11 **制作移动线条**

步骤 05 ❶长按并向右拖曳制作好的线条轨道，使其右侧与第2段素材的结束位置对齐；❷点击“导出”按钮，如图11-12所示。

步骤 06 导出第2段添加了白色线条的素材，采用同样的操作方法，为其他素材添加白色线条。点击“开始创作”按钮，❶导入刚刚导出的第2段素材；❷依次点击“画中画”按钮和“新增画中画”按钮，如图11-13所示。

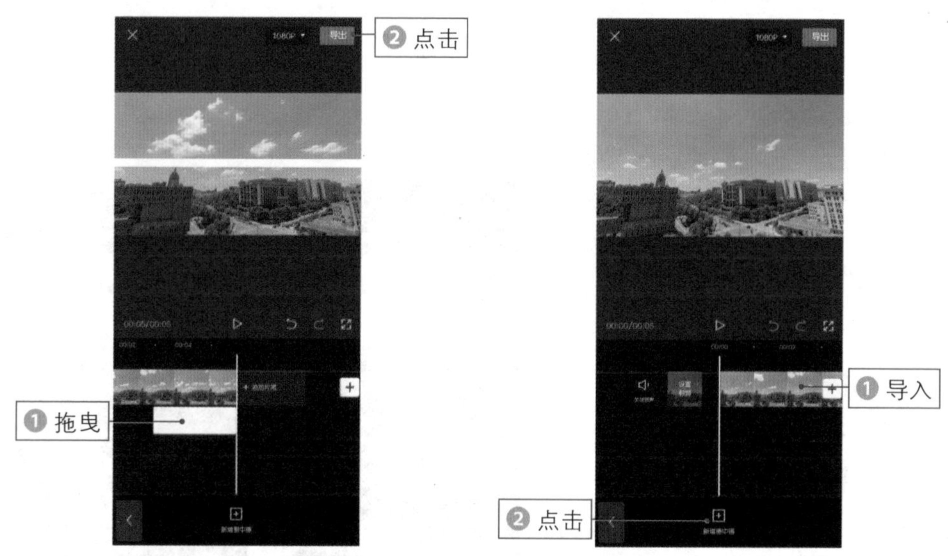

图 11-12 **点击“导出”按钮 2**　　图 11-13 **点击“新增画中画”按钮**

106 线性蒙版，分割白色的线条

线性蒙版也是剪映 App 中的一种蒙版，添加该蒙版后画面会被分成两部分，一部分显示画面内容，一部分则被遮住。下面介绍使用剪映 App 添加线性蒙版的具体操作方法。

步骤 01 ❶导入第1段添加了白色线条的素材；❷在预览区域放大画面，使其占满全屏；❸拖曳时间轴至线条完全显示出来的位置；❹点击“分割”按钮，如图11-14所示。

步骤 02 ❶选择第 1 段素材的后面部分；❷点击“蒙版”按钮，如图 11-15 所示。

图 11-14 **点击“分割”按钮**

图 11-15 **点击“蒙版”按钮**

107 复制反转，使画面完全显示

复制反转是指复制添加了蒙版的画中画轨道，再对其蒙版进行反转，使画面完全显示。下面介绍具体的操作方法。

步骤 01 进入“蒙版”界面，❶选择“线性”蒙版；❷在预览区域调整蒙版的位置，顺时针旋转蒙版位置至 90°，如图 11-16 所示。

步骤 02 点击✓按钮返回，点击“复制”按钮，如图 11-17 所示。

步骤 03 长按并拖曳复制的轨道至第 2 条画中画轨道，使其与原轨道对齐，❶选择复制的轨道；❷点击“蒙版”按钮，如图 11-18 所示。

步骤 04 进入“蒙版”界面，点击“反转”按钮，如图 11-19 所示。

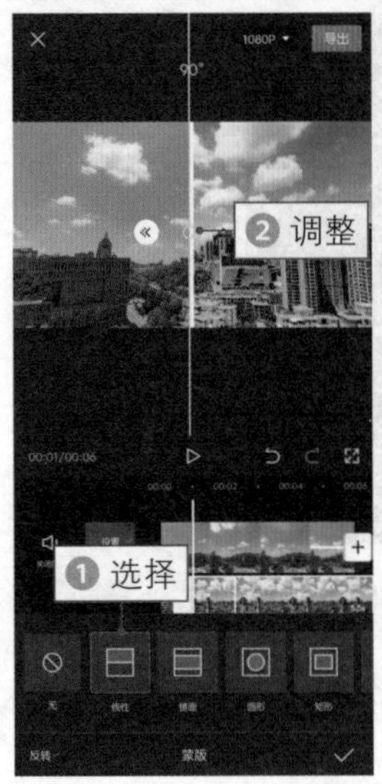

图 11-16 调整蒙版位置

图 11-17 点击“复制”按钮

图 11-18 点击“蒙版”按钮

图 11-19 点击“反转”按钮

108 移动蒙版，制作分割的效果

移动蒙版是指通过添加关键帧，制作蒙版被分割，并向相应的方向移动的效果，下面介绍具体的操作方法。

步骤 01 点击按钮返回，❶拖曳时间轴至两段画中画轨道的起始位置；❷点击按钮，分别为两段画中画轨道的起始位置添加一个关键帧，如图11-20所示。

步骤 02 ❶拖曳时间轴至2s位置；❷选择原画中画轨道；❸在预览区域调整其画面位置，将其向右拖曳，移出画面；❹自动生成关键帧，如图11-21所示。

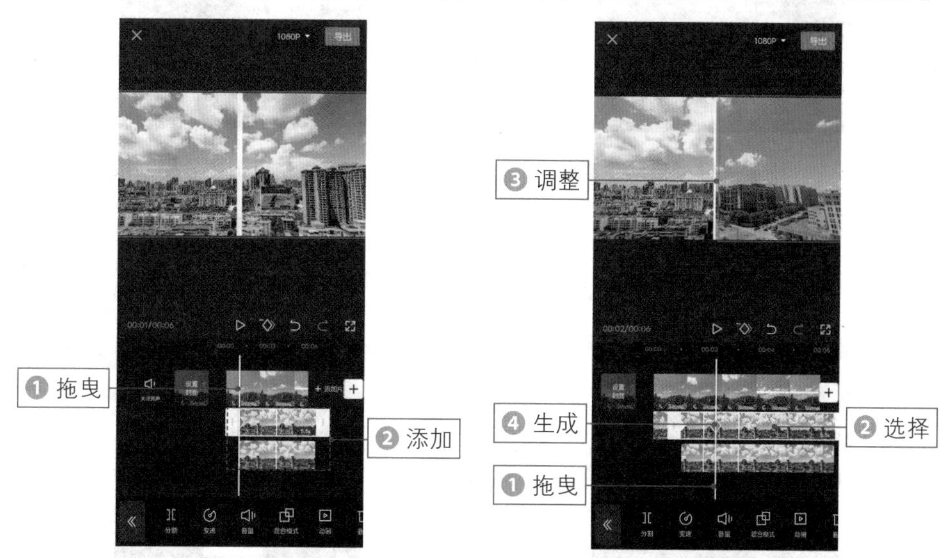

图 11-20 **添加关键帧**　　图 11-21 **自动生成关键帧**

步骤 03 ❶选择复制的画中画轨道；❷在预览区域调整其画面的位置，将其向左拖曳，移出画面；❸自动生成关键帧，如图11-22所示。

步骤 04 ❶拖曳时间轴至第2段素材的线条完全显示出来的位置，删除第1段素材多余的部分；❷选择第2段素材轨道；❸点击“分割”按钮，如图11-23所示。

步骤 05 ❶选择第2段素材轨道的后面部分；❷点击“切画中画”按钮，如图11-24所示。

步骤 06 点击+按钮，导入第3段添加了白色线条的素材，采用同样的操作方法，为其余的视频素材制作线条分割效果，如图11-25所示。最后添加合适的背景音乐。

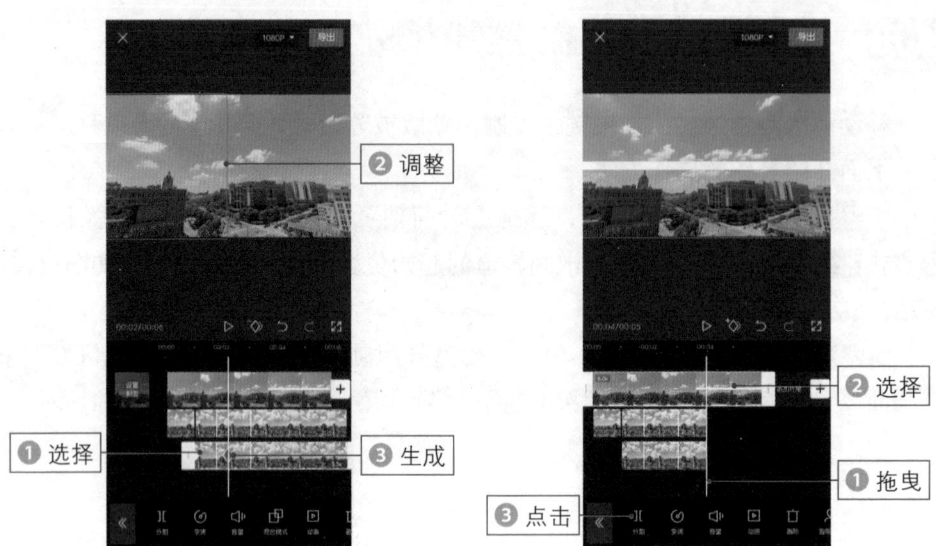

图 11-22 **关键帧自动生成**

图 11-23 **点击“分割”按钮**

图 11-24 **点击“切画中画”按钮**

图 11-25 **制作线条分割效果**